Helbig / Norman

Playbook Psychologische Sicherheit

»Das *Psychological Safety Playbook* bietet praktische und umsetzbare Vorschläge, die Ihnen helfen, in einer unsicheren und herausfordernden Welt erfolgreich zu sein und zu führen.
AMY C. EDMONDSON, *Novartis Professor of Leadership and Management, Harvard Business School*

»Das richtige Buch zur richtigen Zeit! Während die meisten Führungskräfte die Superkraft der psychologischen Sicherheit inzwischen erkannt haben sollten, tun sich viele immer noch schwer damit, sie umzusetzen. In diesem Playbook bieten Helbig und Norman eine wunderbare Sammlung praktischer und leicht umzusetzender Maßnahmen, die sie auf spielerische und nicht auf starre, akademische Weise präsentieren. Sehr praktisch und aufschlussreich, dabei leicht zu lesen – man muss es ›nur‹ noch machen!«
OLIVER HERRMANN, *SVP, New Ways of Working, Deutsche Telekom AG*

»Wenn wir nur über triviale Dinge sprechen und sie erreichen wollen, brauchen wir uns keine Sorgen um psychologische Sicherheit zu machen. Wenn wir aber über das Wesentliche sprechen und das tun wollen, was wirklich wichtig ist, müssen wir es für die Menschen sicherer machen, sich einander wirklich öffnen zu können. Dieses Buch veranschaulicht diese Unterscheidung sehr schön und liefert eine Gebrauchsanweisung dafür, wie man es erreichen kann!«
GREG MCKEOWN, *Autor der Bestseller »Essentialismus« und »Effortless«*

»Wir haben alle schon viel über das WARUM der psychologischen Sicherheit gehört; endlich haben wir einen praktischen Leitfaden für das WIE. Wenn Sie wollen, dass Ihr Team erfolgreich ist, bietet dieses Buch Werkzeuge, die Sie nutzen sollten.«
MICHAEL BUNGAY STANIER, *Autor des weltweiten Bestsellers »The Coaching Habit«*

»Starke Ideen, großzügig geteilt. Einfach, umsetzbar und dringend notwendig. Dieses Buch ist ein Muss für alle, denen an Führung gelegen ist.«
SETH GODIN, *Autor von »Das ist Marketing«*

Wirksamer führen durch mehr Menschlichkeit

Karolin Helbig
Minette Norman

Playbook Psychologische Sicherheit

Wirksamer führen durch mehr Menschlichkeit

Aus dem Amerikanischen übersetzt von Mike Kauschke

Verlag Franz Vahlen München

Translated from the English language:
THE PSYCHOLOGICAL SAFETY PLAYBOOK: Lead More Powerfully
by Being More Human
First published by: Page Two Books
Translation by arrangement with Transatlantic Literary Agency Inc.

vahlen.de

ISBN Print: 978 3 8006 7299 8
ISBN E-Book (ePDF): 978 3 8006 7309 4
ISBN E-Book (ePub): 978 3 8006 7310 0

Wilhelmstraße 9, 80801 München
Druck und Bindung: Beltz Grafische Betriebe GmbH
Am Fliegerhorst 8, 99947 Bad Langensalza

Satz: Fotosatz Buck,
Zweikirchner Str. 7, 84036 Kumhausen
Produktion: Sieveking Agentur, München
Umschlag: Ralph Zimmermann – Bureau Parapluie

myclimate
shape our future

vahlen.de/nachhaltig

Gedruckt auf säurefreiem, alterungsbeständigem Papier
(hergestellt aus chlorfrei gebleichtem Zellstoff)

INHALT

EINFÜHRUNG

Willkommen beim *Playbook Psychologische Sicherheit.* Wir freuen uns, dieses Buch mit Ihnen zu teilen. Wir glauben, dass Führende, die Bedingungen für psychologische Sicherheit schaffen, die transformativen Führungskräfte sind, die jede Organisation rund um den Globus heute und in Zukunft braucht. Und wir glauben, dass Führung unabhängig von formalen hierarchischen Rollen ist. Sie können in jeder Position innerhalb Ihres Unternehmens eine Führungsrolle übernehmen, ganz gleich, ob Sie Manager eines kleinen Teams, Geschäftsführerin oder jemand sind, der die Stärken von Kolleginnen und Kollegen unterstützt.

Was ist psychologische Sicherheit?

Psychologische Sicherheit ist »die Überzeugung, dass man nicht bestraft oder gedemütigt wird, wenn man seine Ideen, Fragen, Bedenken oder Fehler äußert«. Dies ist die Definition von Amy C. Edmondson, Professorin für Leadership und Management an der Harvard Business School, die sich seit Jahrzehnten mit psychologischer Sicherheit beschäftigt.

Betrachten Sie psychologische Sicherheit als die essenziellen Nährstoffe, Vitamine und Mineralien, die für die Entwicklung gesunder Teams erforderlich sind. Teams mit einem hohen Maß an psychologischer Sicherheit sind die leistungsstärksten, integrativsten, innovativsten Teams, denen Mitarbeitende gerne angehören. Das Projekt Aristotle von Google untersuchte Hunderte von Teams des Unternehmens, und man fand heraus, dass das wichtigste Merkmal erfolgreicher Teams die psychologische Sicherheit ist. Wenn Sie mehr über die umfangreichen Forschungen und Fallstudien von Amy C. Edmondson erfahren möchten, empfehlen wir Ihnen die Lektüre ihres Buches *Die angstfreie Organisation*.

Wenn wir uns nicht sicher fühlen, halten wir uns zurück.

Wenn wir uns sicher fühlen, können wir naive Fragen stellen, wilde Ideen vorschlagen und unsere Gefühle mitteilen.

Wie Sie dieses Buch verwenden können

Dieses Buch ist eine Art Spielanleitung, das die fünf großen Spiele erklärt, durch die Sie in Ihrem Team psychologische Sicherheit schaffen können. Jedes Spiel enthält eine Reihe von Spielzügen, die jede Führungskraft erlernen und praktizieren kann. Sie können an beliebiger Stelle im Buch beginnen und sich die Themen heraussuchen, die Sie besonders interessieren, um sie zu vertiefen. Die fünf Spiele und 25 Spielzüge sind in sich abgeschlossen, sodass Sie dieses Buch nicht von Anfang bis Ende lesen müssen.

Einige der Spielzüge sind Ihnen vielleicht vertraut, andere neu. Denken Sie daran, dass es Übung erfordert, eine neue Verhaltensweise zu verinnerlichen. Mit regelmäßiger Übung können Sie die hier beschriebenen Spielzüge zu Ihrer neuen Gewohnheit werden lassen.

Wir haben dieses Buch als Ausgangsbasis und Starthilfe entwickelt. Es ist keineswegs eine erschöpfende Sammlung aller Möglichkeiten, um psychologische Sicherheit zu verbessern. Aber es sind 25 erprobte Spielzüge, mit denen Führende wirksam arbeiten können.

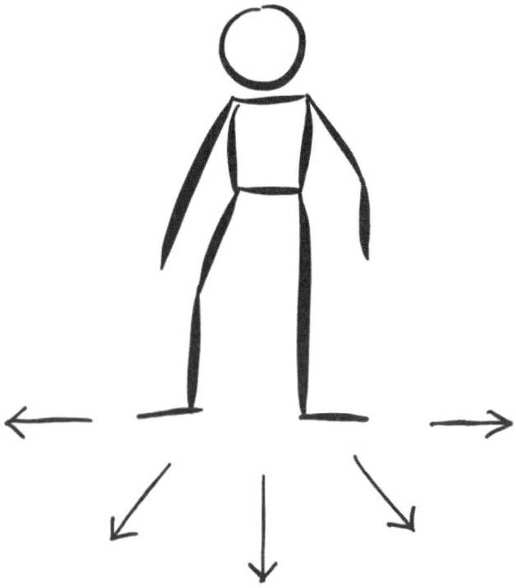

In diesem Buch finden Sie fünf Spiele, die Sie vertiefen können.

Suchen Sie sich die Spielzüge aus, die Sie ansprechen, und experimentieren Sie damit.

Wenn Sie die Spielzüge lesen, werden Sie feststellen, dass wir Informationen mit leichter Abwandlung wiederholen. Diese Redundanz ist beabsichtigt und stärkt wichtige Aspekte, die für Führende von entscheidender Bedeutung sind, darunter Selbsterkenntnis, Neugier und Einfühlungsvermögen. Gleichzeitig haben wir darauf geachtet, dass jeder Spielzug innerhalb eines Spiels vollständig und in sich abgeschlossen ist, damit Sie jeweils alle Informationen zusammen haben für das Umsetzen in die Praxis.

SPIEL 1

MUTIG KOMMUNIZIEREN

Mutige Kommunikation ist eine der grundlegendsten Fähigkeiten, um ein psychologisch sicheres Umfeld für alle zu schaffen. Mut erfordert, dass wir unsere Komfortzone verlassen. Das bedeutet, dass Sie sich vielleicht mit einigen Empfehlungen nicht sofort wohlfühlen.

Das ist in Ordnung! Unbehagen zu akzeptieren, ist Teil des Prozesses.

Denken Sie daran, dass es bei mutiger Kommunikation nicht nur darum geht, was wir sagen, sondern auch darum, andere zum Dialog einzuladen, ehrlich unsere eigenen Gefühle zu äußern und unser Bedürfnis, Recht zu haben oder perfekt zu sein, loszulassen. Eine humorvolle, von Leichtigkeit geprägte Stimmung kann dem natürlichen Unbehagen entgegenwirken, das eine mutige Kommunikation oft begleitet.

Führungskräfte glauben häufig, dass sie alle Antworten haben müssen und keine Gefühle zeigen dürfen. Es ist an der Zeit, diese einschränkenden Glaubenssätze abzulegen. Mutige Kommunikation erfordert, dass Führende sich verletzlich zeigen, authentisch sind und anerkennen, dass wir alle uns in einem Entwicklungsprozess befinden.

Eine Geschichte über mutige Kommunikation

Minette erinnert sich lebhaft daran, wie ein Mitarbeiter mutig kommuniziert hat:

Ich stellte George als technischen Leiter bei einem großen globalen Softwareunternehmen in San Francisco ein. George war dafür verantwortlich, wichtige technologische Veränderungen in dezentralisierten Entwicklungsteams voranzutreiben. Er hatte einen Doktortitel und jahrzehntelange Führungserfahrung, sodass er sich hätte berechtigt fühlen können, das Kommando zu übernehmen und den Leuten zu sagen, was sie tun sollten. Stattdessen kommunizierte er auf eine Art und Weise, die andere einlud, ihre Sichtweise zu äußern und aktiv mitzuwirken. Er lachte häufig, oft über sich selbst, und sein Lachen war ansteckend.

George kannte zwar die Richtung, in die wir gehen mussten, gab aber offen zu, dass er nicht auf alles eine Antwort hatte. Er ging davon aus, dass die Experten in den einzelnen Teams mehr über ihren Programmiercode und ihre Systemarchitektur wussten als er. Er bat die Mitarbeitenden, ihre Ideen einzubringen und ihre Erfahrungen zu teilen, damit sie gemeinsam einige sehr schwierige technische Probleme lösen konnten. Es war kein einfacher Weg, da viele der Experten oft nicht einer Meinung waren, was zu ungelösten Konflikten und langen Verzögerungen hätte führen können. George unterdrückte Konflikte aber nicht, sondern hielt den Dialog in Gang, bis sich die meisten Teilnehmenden auf eine Entscheidung einigen konnten. Das Ergebnis? Technikexperten aus allen Abteilungen trugen zu Lösungen bei, die das gesamte Unternehmen nutzen konnte.

George erkannte den Beitrag anderer Mitarbeiter öffentlich an und sprach bei Erfolgen immer von »wir« und nicht von »ich«. Er bat auch um Hilfe und schätzte die Arbeit anderer, was seine Kompetenz und Glaubwürdigkeit steigerte – und nicht schmälerte. Es erfordert Mut, nicht alle Antworten zu haben, um Hilfe zu bitten, Widerspruch zuzulassen und über sich selbst zu lachen.

Die Spielzüge in diesem Spiel

1. Andere Sichtweisen willkommen heißen: »Was übersehe ich?«
2. Vielfältige Perspektiven einladen: »Das ist ein Standpunkt; wie könnte man das anders sehen?«
3. Sich öffnen: Bringen Sie Ihre eigenen Emotionen zum Ausdruck.
4. Die Maske der Perfektion abnehmen: »Ich weiß es noch nicht.«
5. Den Sinn für Humor bei der Arbeit fördern: Lachen Sie mehr (vor allem über sich selbst).

SPIELZUG 1
Andere Sichtweisen willkommen heißen: »Was übersehe ich?«

Warum sich dieser Spielzug lohnt

Eine der kraftvollsten Verhaltensweisen, die Sie als Führungskraft verinnerlich können, besteht darin, immer wieder die Frage zu stellen: »Was übersehe ich?« Wenn Sie diese einfache Frage stellen, signalisieren Sie, dass Sie für andere Blickwinkel offen sind und sich sogar hinterfragen lassen. Mit diesen drei Worten erkennen Sie an, dass Sie nicht allwissend sind, dass Sie nicht alle Antworten haben.

Eine der Gefahren, die sich daraus ergeben, dass andere Standpunkte nicht erfragt oder berücksichtigt werden, ist ein Konformitätsdruck, bei dem sich Mitarbeitende gezwungen fühlen, mit der Mehrheit im Raum übereinzustimmen. Wenn Menschen sich nicht sicher fühlen, ihren eigenen Standpunkt zu vertreten, kann es in Teams zu Gruppendenken (»groupthink«) kommen – ein psychologisches Phänomen, bei dem der Wunsch nach Harmonie oder Konformität zu irrationalen oder dysfunktionalen Entscheidungen führen kann. Führungskräfte müssen sich deshalb der Tendenz der Teammitglieder bewusst sein, ihren Führenden zuzustimmen – denn es ist im Allgemeinen einfacher, dem Vorgesetzten zu folgen, als ihn herauszufordern.

Eine Führungskraft, die regelmäßig nach anderen Sichtweisen fragt und auf diese eingeht, ohne sich zu verteidigen, setzt ein wichtiges Zeichen. Sie signalisiert, dass niemand im Team alle

Vorzugeben, alles zu wissen, verstärkt die Hierarchie.

Die Frage »Was übersehe ich?« lädt zur Teilnahme ein.

Antworten kennt und jede und jeder einen wertvollen Beitrag leisten kann. (Siehe Spielzug 11 »Raus aus der Verteidigungshaltung: Drücken Sie die Pause-Taste«).

»Ein ›Nein‹, das aus tiefster Überzeugung ausgesprochen wird, ist besser als ein ›Ja‹, das nur ausgesprochen wird, um zu gefallen oder, schlimmer noch, um Ärger zu vermeiden.«

MAHATMA GANDHI

Wie Sie diesen Spielzug umsetzen

1. **Den Wunsch nach Feedback äußern.** Wenn Sie eine Präsentation halten, eine Strategie vorstellen, ein Maßnahmenpaket vorschlagen oder eine Idee in den Raum stellen, erklären Sie Ihre Beweggründe und machen Sie deutlich, dass Sie sich ehrliches Feedback wünschen.

2. **Erwartungen formulieren.** Sagen Sie ausdrücklich, dass Sie nicht erwarten, dass jede und jeder mit allem, was Sie gesagt haben, einverstanden ist, und dass Sie falsche Harmonie und Gruppendenken vermeiden wollen.

3. **Den Dialog eröffnen.** Fragen Sie »Was übersehe ich?« und halten Sie dann inne. Warten Sie auf eine Antwort.

4. **Die Tür offenhalten.** Wenn sich niemand meldet, erklären Sie, dass Sie sicher nicht alle Aspekte bedacht haben und dass Sie die Beiträge aller zu schätzen wissen. Vielleicht möchten Sie eine Entscheidung aufschieben, bis Sie andere Perspektiven gehört haben? Natürlich müssen Sie ein angemessenes Verhältnis zwischen dem Sammeln von Beiträgen und der rechtzeitigen Entscheidungsfindung beachten – aber Sie können beides tun.

5. **Dankbarkeit ausdrücken.** Danken Sie anderen dafür, dass sie sich zu Wort gemeldet haben. Zum Beispiel: »Ich schätze Ihr wertvolles Feedback und Ihre ehrliche Meinung sehr. Ich weiß, dass es nicht immer leicht ist, einen anderen Standpunkt zu vertreten.«

Andere Sichtweisen einladen – kurz und bündig

Wenn Sie zugeben, dass Sie nicht auf alles eine Antwort haben, und offen sind für andere Perspektiven, schaffen Sie eine Umgebung, in der die Sichtweisen aller willkommen sind und wertgeschätzt werden.

SPIELZUG 2
Vielfältige Perspektiven erfragen: »Das ist eine Sichtweise. Wie könnte man das anders sehen?«

Warum sich dieser Spielzug lohnt

In jedem Team gibt es Personen, die dominanter sind oder leichter ihre Meinung sagen als andere, auch wenn es keine hierarchische Beziehung zwischen ihnen gibt. Dies kann auf Persönlichkeitsunterschiede zurückzuführen sein. Oder auf verschiedene Gruppenzugehörigkeit: Personen aus unterrepräsentierten Gruppen fühlen sich häufig weniger frei in ihrer Meinungsäußerung als die Mitglieder der dominanten Gruppe.

Als Führungskraft können Sie dafür sorgen, dass keine Stimme stärker gewichtet wird als die anderen und dass alle ihren Standpunkt einbringen können. Da es für die weniger dominanten Personen in einem Team schwierig sein kann, ihre Stimme zu erheben, können Sie ausdrücklich nach abweichenden Sichtweisen in Ihrem Team fragen. Es sollte ganz normal sein, eine andere Meinung zu vertreten.

Je mehr Sie es sich zur Gewohnheit machen, auch gegensätzliche Standpunkte anzuhören, desto mehr werden die anderen das Gefühl haben, dass es sicher ist, sich zu äußern – auch wenn sie Ideen haben, die deutlich abweichen.

Integrative Führungspersönlichkeiten verringern soziale Reibung und laden zu gesundem Widerspruch ein.

Wie Sie diesen Spielzug umsetzen

- **Den Ton angeben.** Sagen Sie Ihren Teammitgliedern, dass Sie von ihnen erwarten, dass sie die Ideen der anderen infrage stellen, ohne jemanden persönlich anzugreifen. Es ist gesund und wünschenswert, wenn Ideen so infrage gestellt werden, dass neue Ideen und innovative Lösungsansätze entwickelt werden können. Im Gegensatz dazu entstehen soziale Spannungen, wenn Menschen kritisiert oder angegriffen werden, was zu Angst und Konflikten führt. Gesunder Widerspruch könnte wie folgt aussehen: »Das ist ein Aspekt, an den ich nicht gedacht habe. Für mich stellt sich das Problem so dar …«

- **Wenn jemand seine Idee oder seinen Vorschlag mitteilt,** danken Sie ihm dafür. Sagen Sie: »Das ist ein Standpunkt. Lasst uns eine andere Meinung hören.«

- **Wenn niemand antwortet,** bitten Sie jemanden aus der Gruppe, Teufels Advokat zu spielen und einen gegenteiligen Standpunkt zu vertreten.

- **Bieten Sie alternative Möglichkeiten an, um Input zu geben,** indem Sie Online-Tools, Umfragen, E-Mail oder die Chatfunktion verwenden. Auf diese Weise können Menschen einen Beitrag leisten, die lieber auf anderem Wege kommunizieren oder für die es auf diese Weise leichter ist, sich zu äußern.

- **Achten Sie darauf,** wie die Mitarbeitenden aufeinander reagieren. Ermutigen Sie alle, den Ideen der anderen auf eine Weise zu widersprechen, die nicht beleidigend oder verletzend ist.

Vielfältige Perspektiven erfragen – kurz und bündig

Wenn Sie Ihr Team zu gesunden Meinungsverschiedenheiten einladen, dann stellen Sie sicher, dass unterschiedliche Perspektiven gehört werden, was zu besseren Ergebnissen führt.

SPIELZUG 3
Sich öffnen: Bringen Sie Ihre eigenen Emotionen zum Ausdruck

Warum sich dieser Spielzug lohnt

Allzu oft denken Führende, dass sie bei der Arbeit keine Gefühle zeigen dürfen. Sie glauben, dass sie jederzeit ein »professionelles« Verhalten an den Tag legen müssen. Die Ironie dieser Überzeugung besteht darin, dass Menschen eher Respekt und Verbundenheit gegenüber Führungskräften empfinden, die ihre Menschlichkeit zeigen, ihre Emotionen teilen und nicht versuchen, eine Fassade der Perfektion aufrechtzuerhalten.

Jeder Mensch hat Emotionen. Wir können sie nicht abstellen. Wenn wir unsere Emotionen als Daten verstehen, können wir uns ihre Kraft auf positive Weise zunutze machen. Wenn wir jedoch versuchen, Emotionen zu ignorieren oder zu unterdrücken, haben wir weniger Kontrolle über unsere Reaktionen und weniger Freiheit in der Wahl unseres Verhaltens.

Für Führende ist es deshalb wichtig, bewusst mit den eigenen Emotionen umzugehen, denn Gefühlsausbrüche können die psychologische Sicherheit zerstören. Gleichzeitig können Führende das Vertrauen ihrer Mitarbeitenden in sie stärken, indem sie ihnen mitteilen, dass sie – wie alle Menschen – emotional auf Situationen reagieren. Es mag sich ungewohnt anfühlen, die eigenen Emotionen mitzuteilen, aber es kann eine gute Möglichkeit sein, die Verbundenheit zu stärken. Wenn Sie sich verletzlich zeigen, indem Sie offenbaren, dass Sie eine emotionale

Führende, die ihre Emotionen angemessen äußern.

Führende, die ihre Emotionen ignorieren, leugnen oder unterdrücken.

Reaktion auf eine Situation in Ihrem Arbeitsalltag haben, dann können andere Sie besser verstehen und sich in Sie als Mitmenschen einfühlen. Wenn Sie sich Ihrer eigenen Emotionen bewusst sind, können Sie Ihre Reaktionen darauf besser steuern, insbesondere bei starken Emotionen.

Wie Sie diesen Spielzug umsetzen

- **Auf die eigenen Gefühle achten.** Bei einer starken emotionalen Reaktion spüren Sie vielleicht, wie sich Ihr Herzschlag beschleunigt, Ihr Gesicht heiß wird und sich Ihr ganzer Körper anspannt. Wenn Sie eine eher positive Emotion erleben, bemerken Sie vielleicht, dass Sie nicht mit dem Lächeln aufhören können oder sich lebhaft bewegen.

- **Gefühle äußern.** Wenn Sie im Umgang mit Kollegen eine schwierige emotionale Reaktion erleben, ist es in Ordnung, dies mitzuteilen. Sie könnten zum Beispiel sagen: »Dieses Feedback hat mich härter getroffen, als ich erwartet habe. Ich würde gern einen Moment darüber nachdenken, bevor ich antworte.«

- **Bei Bedarf eine Pause machen.** Wenn Sie sich nicht ruhig genug fühlen, um in einen produktiven Austausch mit anderen zu treten, machen Sie eine Pause. Sie können Ihre Mitarbeitenden bitten, das Gespräch einige Minuten ohne Sie fortzusetzen, oder Sie können allen vorschlagen, eine Pause zu machen.

- **Atmen.** Ein paar tiefe Atemzüge können aufgrund der physiologischen Wirkung auf das Nervensystem Stress und Ängste lindern. Die tiefe Zwerchfellatmung aktiviert unser parasympathisches Nervensystem (das den Körper beruhigt) und aktiviert unseren Vagusnerv (ein wichtiger Teil des sozialen Bindungssystems unseres Zentralnervensystems). Durch die tiefe Atmung sind wir ruhiger und freundlicher und können so besser auf andere eingehen.

Sich öffnen – kurz und bündig

Wenn Sie Ihre Emotionen authentisch mit anderen teilen, schaffen Sie bei den Mitarbeitenden ein Gefühl von Vertrauen und Menschlichkeit gegenüber Ihnen als Führungskraft.

SPIELZUG 4
Die Maske der Perfektion abnehmen: »Ich weiß es noch nicht.«

Warum sich dieser Spielzug lohnt

Traditionelle Führungsmodelle stellen Führende oft als zielstrebige, ergebnisorientierte Personen dar, die in jeder Situation genau wissen, was zu tun ist. Mit einem »Command-and-Control«-Führungsstil bestimmen diese Führungskräfte die Ziele und steuern ihre Teams. Wenn das überhaupt jemals funktioniert hat, heute ist es sicher nicht mehr angebracht. Die komplexen Probleme unserer Gegenwart erfordern neue Formen der Zusammenarbeit und eine Führungskultur, durch die Teams voneinander lernen, unterschiedliche Denkweisen und Talente einbeziehen sowie jede und jeden befähigen, bestmögliche Arbeit zu leisten.

Die erfolgreichsten und innovativsten Unternehmen befinden sich in einem ständigen Lernprozess. Führende können die Voraussetzungen für Lernen im Team schaffen, indem sie zunächst zugeben, dass sie selbst nicht alle Antworten kennen, und dann ihren Teammitgliedern dabei helfen, kontinuierlich voneinander zu lernen. Wenn Führungskräfte um Hilfe bitten oder etwas mitteilen, worauf sie neugierig sind, ermöglichen sie es anderen, dasselbe zu tun.

Wir machen uns natürlich verletzlich, wenn wir zugeben, dass wir etwas nicht wissen. Führende, die eine solche Verletzlichkeit vorleben, ermutigen ihre Teammitglieder, Hilfe zu suchen,

Die »perfekte« Führungskraft

Die menschliche Führungskraft

Fragen zu stellen und sich gegenseitig zu unterstützen. Mit der Zeit werden dies die erfolgreicheren Teams sein – Teams, in denen andere mitarbeiten wollen, weil alle gemeinsam bessere Arbeit leisten können.

Wie Sie diesen Spielzug umsetzen

- **Wenn Ihnen eine Frage gestellt wird,** auf die Sie keine Antwort haben, versuchen Sie nicht, eine zu erfinden oder der Frage auszuweichen. Sagen Sie stattdessen: »Ich habe im Moment keine gute Antwort auf diese Frage.«

- **Sagen Sie der Person, die die Frage gestellt hat,** dass Sie an einer Antwort interessiert sind, und fragen Sie, ob es in Ordnung ist, wenn Sie später auf das Anliegen zurückkommen. Wenn Sie sich in einer größeren Gruppe befinden, können Sie fragen, ob jemand mehr Informationen zu dem Thema oder eine Idee hat, die er oder sie teilen möchte.

- **Wenn Sie Unterstützung brauchen,** sagen Sie Ihrem Team ausdrücklich, dass Sie um Hilfe bitten. Erklären Sie, womit Sie Probleme haben, und fragen Sie, wer helfen möchte. Sie können zum Beispiel ein Meeting zur Ideenfindung einberufen.

- **Geben Sie Ihrem Team die Erlaubnis, um Hilfe zu bitten.** Äußern Sie Ihre Wertschätzung für Fragen und Bitten und teilen Sie die daraus gewonnenen Erkenntnisse mit allen.

Die Maske der Perfektion abnehmen – kurz und bündig

Wenn Sie offen um Hilfe bitten und zugeben, was Sie als Führungskraft nicht wissen, schaffen Sie die Voraussetzungen für kontinuierliches Lernen und Weiterentwicklung.

SPIELZUG 5
Den Sinn für Humor bei der Arbeit fördern: Lachen Sie mehr (vor allem über sich selbst)

Warum sich dieser Spielzug lohnt

Als wir Autorinnen über besonders wirksame Führungskräfte nachdachten, die wir bewundern, kam eine Eigenschaft immer wieder zur Sprache: Sinn für Humor. Gemeinsames Lachen bei der Arbeit schweißt zusammen und bringt Leichtigkeit in eine Umgebung, die sich oft schwer anfühlt. Die Forschung bestätigt die positiven Auswirkungen von Humor am Arbeitsplatz: Er steigert das Wohlbefinden, erhöht die Teamleistung und hat sogar einen messbaren Einfluss auf das Geschäftsergebnis eines Unternehmens.

Lachen ist tief verwurzelt in unserer evolutionären biologischen Prägung und ein früher Reflex in der frühkindlichen Entwicklung. Lachen ist gesund und fördert Verbundenheit und Vertrauen. Wenn wir lachen, schüttet unser Gehirn »Glückshormone« aus (Endorphine, Dopamin und Oxytocin), und das Stresshormon Cortisol wird reduziert. Als Führungskraft können Sie diese natürliche Prägung nutzen. Wenn Sie Meetings mit einem humorvollen Ton beginnen, unterstützen Sie die Kreativität Ihres Teams. Das Dopamin, das in den Gehirnen Ihrer Teammitglieder freigesetzt wird, aktiviert die Lernzentren des Gehirns und stärkt ihre Fähigkeiten, die anstehenden Aufgaben zu lösen.

Aber Humor ist mehr als nur ein Trick, um anderen zu helfen, sich gut zu fühlen und kreativ zu sein. Wie Achtsamkeit und Selbsterkenntnis erfordert auch Humor eine feine Beobachtungsgabe, durch die wir uns differenzierter auf unsere Erfahrungen beziehen können. Humor hilft, uns selbst nicht zu ernst zu nehmen und uns bewusst zu machen, wie absurd Situationen manchmal sind – mit Toleranz und Freundlichkeit können wir das Allgemein-Menschliche anerkennen.

Glücklicherweise müssen wir nicht von Natur aus witzig sein, denn wir können unseren Sinn für Humor kultivieren, so wie wir unsere Muskeln trainieren können, um stärker zu werden.

»Humor ist eine der wirkungsvollsten Möglichkeiten für eine Organisation, um echte Verbundenheit, allgemeines Wohlbefinden und intellektuelle Sicherheit unter unseren Kollegen zu gewährleisten.«

NAOMI BAGDONAS

Wie Sie diesen Spielzug umsetzen

- **Den eigenen Stil finden.** Sie müssen kein Comedian werden. Fühlen Sie sich nicht unter Druck gesetzt, Witze zu machen, mit denen Sie sich nicht wohlfühlen. Experimentieren Sie und schauen Sie, was zu Ihnen passt. Wenn Sie am Arbeitsplatz für Heiterkeit sorgen, muss das nicht unbedingt laut oder spektakulär sein.

- **Den Humor-Radar einschalten.** Denken Sie regelmäßig an lustige Situationen bei der Arbeit. Beschreiben Sie diese Momente im Detail und geben Sie ihnen einen Titel. Fragen Sie sich: »Was wäre an der Situation lustig, wenn ich nicht selbst darin verwickelt wäre?«

- **Sammeln und weitergeben.** Stellen Sie eine Reihe von lustigen Episoden zusammen, die Sie in verschiedenen Situationen erzählen können. Erzählen Sie diese Geschichten und verfeinern Sie die Episoden nach und nach. Beachten Sie den verbindenden Effekt, der sich einstellt, wenn Sie Ihre zutiefst menschlichen Erfahrungen auf ehrliche und humorvolle Weise teilen.

- **Alles vermeiden, was beleidigend, verletzend oder unpassend sein könnte.** Seien Sie sich der kulturellen Unterschiede bewusst, denn manche Arten von Humor funktionieren nur bei einem bestimmten Publikum. Es ist oft ein guter Ansatzpunkt für mehr Humor, wenn Sie sich über sich selbst lustig machen.

Den Sinn für Humor bei der Arbeit fördern – kurz und bündig

Wenn Sie mit Sinn für Humor führen, fördern Sie Engagement und Motivation und ermöglichen den Mitarbeitenden, ihr Bestes zu geben.

MUTIG KOMMUNIZIEREN:
Spiel 1 – Rückblick und Ressourcen

Kurz und bündig

Spielzug 1 – Andere Sichtweisen willkommen heißen: Wenn Sie zugeben, dass Sie nicht auf alles eine Antwort haben, und offen sind für andere Perspektiven, schaffen Sie eine Umgebung, in der die Sichtweisen aller willkommen sind und wertgeschätzt werden.

Spielzug 2 – Vielfältige Perspektiven erfragen: Wenn Sie Ihr Team zu gesunden Meinungsverschiedenheiten einladen, dann stellen Sie sicher, dass verschiedene Perspektiven gehört werden, was zu besseren Ergebnissen führt.

Spielzug 3 – Sich öffnen: Wenn Sie Ihre Emotionen authentisch mit anderen teilen, schaffen Sie bei den Mitarbeitenden ein Gefühl von Vertrauen und Menschlichkeit gegenüber Ihnen als Führungskraft.

Spielzug 4 – Die Maske der Perfektion abnehmen: Wenn Sie offen um Hilfe bitten und zugeben, was Sie als Führungskraft nicht wissen, schaffen Sie die Voraussetzungen für kontinuierliches Lernen und Weiterentwicklung.

Spielzug 5 – Den Sinn für Humor bei der Arbeit fördern: Wenn Sie mit Sinn für Humor führen, fördern Sie Engagement und Motivation und ermöglichen den Mitarbeitenden, ihr Bestes zu geben.

Empfohlene Lektüre

Susan David, »Should You Share Your Feelings During a Work Conflict?«, *Harvard Business Review*, 6. Dezember, 2017, hbr.org/2017/12/should-you-share-your-feelings-during-a-work-fight.

Nilofer Merchant, »Don't Demonize Employees Who Raise Problems«, *Harvard Business Review*, 30. Januar 2020, hbr.org/2020/01/dont-demonize-employees-who-raise-problems.

Sigal Barsade und Olivia A. O'Neill, »Manage Your Emotional Culture«, *Harvard Business Review*, Februar 2016, hbr.org/2016/01/manage-your-emotional-culture.

Daniel Goleman, *Emotionale Intelligenz EQ* (München: dtv, 1997).

Jennifer Aaker und Naomi Bagdonas, »Why Great Leaders Take Humor Seriously«, TED, 13. Januar 2022, ted.com/talks/jennifer_aaker_and_naomi_bagdonas_why_great_leaders_take_humor_seriously.

Jennifer Aaker und Naomi Bagdonas, *Humor, seriously: Why Humor Is a Secret Weapon in Business and Life* (New York: Currency, 2021).

SPIEL 2

DIE KUNST DES ZUHÖRENS MEISTERN

Zuhören ist eine Kunst und wahrscheinlich die Fähigkeit, die Führende am wenigsten kultiviert haben. Wir hören weit weniger zu, als wir denken. Wir konzentrieren uns eher darauf, unsere eigene Sichtweise darzustellen. Und wenn wir nicht reden, dann hören wir nicht zu, um den anderen zu verstehen, sondern um etwas zu erwidern. Wenn wir unsere Führung verbessern wollen, müssen wir besser zuhören.

Gekonntes Zuhören ist anders und differenzierter als das, was man Ihnen vielleicht beigebracht hat. Es geht nicht darum, weniger zu reden, mehr Fragen zu stellen oder ein bestätigendes Brummen von sich zu geben und zu wiederholen, was andere gesagt haben. Vielmehr ist hiermit eine grundlegende Veränderung unserer Einstellung gemeint: neugierig auf die Sichtweise anderer zu sein, auch wenn wir anderer Meinung sind, und bereit zu sein, ihre Perspektive zu erforschen, bevor wir unsere eigene darlegen. Im Grunde wurzelt wirkliches Zuhören in der Demut, durch die wir erkennen, dass unsere eigene Sichtweise nicht die Wahrheit ist – dass auch wir blinde Flecken haben und wichtige Aspekte übersehen könnten. Es geht darum, unseren Empathie-Muskel zu stärken.

Es ist nicht leicht, unsere Einstellung zu ändern. Das erfordert Selbsterkenntnis und bewusstes Handeln. Wir müssen unser Bedürfnis, Recht zu haben, und unsere natürliche Tendenz, in Entweder-Oder-Kategorien zu denken, loslassen. Wir müssen uns zu Empathie entschließen und neugierig darauf werden, wie andere die Welt sehen. Durch Neugier und die Überzeugung, dass es immer verschiedene Sichtweisen zu erforschen gibt,

Schlechter Zuhörer

Guter Zuhörer

können wir ein neues Maß an psychologischer Sicherheit und Leistung schaffen.

Eine Geschichte über das Zuhören

Karolin war beeindruckt davon, wie ihr ehemaliger McKinsey-Kollege Jungkiu Choi seine Fähigkeiten als Zuhörer unter Beweis stellte, als er Chef der chinesischen Bank Standard Chartered wurde:

Jungkius Vorgänger kündigte seine Besuche in den Filialen im Voraus an, und man bereitete sich wochenlang darauf vor. Wenn Jungkius Vorgänger die Filialen besuchte, übte er Druck auf die Filialleiter aus, die Kosten zu senken und die Produktivität zu steigern. Es gab keine Gelegenheit zu echten Gesprächen oder zum Dialog, was ein Zeichen für fehlende psychologische Sicherheit ist.

Jungkiu dagegen hat die Art dieser Besuche völlig verändert. Er erschien unangekündigt, begann den Tag damit, dass er den Filialmitarbeitenden ein Frühstück zubereitete, und setzte sich dann mit ihnen zu einem offenen Gespräch zusammen. Er fragte sie, welche Probleme sie haben und wie er ihnen helfen könne. Dann hörte er zu. Zunächst waren die Mitarbeitenden verunsichert. Nach und nach öffneten sie sich aber und erzählten von ihren wirklichen Herausforderungen. Oft bedurfte es nur kleiner Änderungen, um ihre Probleme zu lösen, wie z. B. die Angleichung der Öffnungszeiten der Bank an die des Einkaufszentrums, in dem sie sich befand. Am Ende seines ersten Jahres hatte Jungkiu 80 Filialen besucht, zahlreiche konkrete Herausforderungen in Angriff genommen, und die Geschäftsergebnisse hatten sich erheblich verbessert – ein beeindruckender Erfolg, der vor allem dadurch erreicht wurde, dass er zuhörte und auf das reagierte, was sich zeigte. Wenn Manager zuhören, wirklich zuhören, können sie eine enorme Wirkung erzielen.

Die Spielzüge in diesem Spiel

6. Zuhören, um zu verstehen: Entwickeln Sie die Gewohnheit, keine Antwort vorzubereiten.

7. Wirklich präsent sein: Zähmen Sie Ihren herumwandernden Geist.

8. Das eigene Verständnis klären: Benennen Sie, was Sie gehört haben.

9. Auf Gefühle achten: Hören Sie, was nicht gesagt wird.

10. Neugicrig bleiben: »Erzählen Sie mir mehr.«

SPIELZUG 6
Zuhören, um zu verstehen: Entwickeln Sie die Gewohnheit, keine Antwort vorzubereiten

Warum sich dieser Spielzug lohnt

Zuhören, um zu verstehen, verändert alles. Es erfordert, dass wir unsere Kommunikationsgewohnheiten und unsere grundlegende Einstellung gegenüber uns selbst und unseren Gesprächspartnern verändern. Es geht nicht nur darum, unproduktive Verhaltensweisen zu vermeiden, wie beispielsweise direkt mit Gegenargumenten zu unterbrechen, das Gespräch mit der eigenen Geschichte an sich zu reißen, in Gedanken die eigene Erwiderung vorzubereiten und nur auf eine Lücke zu warten, um endlich loslegen zu können. Nötig ist vielmehr, dass wir das Bedürfnis loslassen, Recht behalten und im Kampf der Argumente gewinnen zu wollen. Stattdessen können wir uns selbst erlauben, die andere Person wirklich zu verstehen.

Warum ist das so schwierig? Weil wir Verstehen mit Zustimmen und Zustimmen mit Sympathie verwechseln.

Wenn wir Verstehen, Zustimmen und Sympathie voneinander unterscheiden, wird uns klar, dass wir die andere Person zutiefst verstehen und dennoch eine andere Meinung haben können; wir können anderer Meinung sein und dennoch Mitgefühl empfinden; und wir können denken, dass die andere Person völlig falsch liegt, und trotzdem Sympathie für sie empfinden. Auf dieser Basis können wir produktivere Gespräche führen und unsere Beziehungen vertiefen.

Sechs!
Neun!
Sechs!
Was siehst du? Ich möchte dir erklären, was ich sehe ...

Wie Sie diesen Spielzug umsetzen

1. **»Ich möchte sicherstellen, dass ich Ihren Standpunkt verstehe.«** Entschließen Sie sich, die Sichtweise der anderen Person vollständig verstehen zu wollen. Keine Sorge: Allein die Tatsache, dass Sie die Geschichte des anderen verstehen, bedeutet nicht, dass Sie Ihre eigene Perspektive aufgeben müssen. Akzeptieren Sie die Sichtweise der anderen Person, auch wenn Sie nicht mit ihr einverstanden sind. Wenn Sie sagen: »Ich verstehe, dass Sie es vorziehen, dass wir die Prioritäten ändern«, stimmen Sie damit nicht zu, dass es am besten wäre, die Prioritäten zu ändern.

2. **»Lassen Sie mich meine Sichtweise darlegen ...«** Vergewissern Sie sich, dass beide Seiten die Perspektive des anderen verstehen und sich gehört fühlen, bevor Sie zu Schritt drei übergehen.

3. **»Was ist der beste Weg nach vorn?«** Steigen Sie erst danach in die gemeinsame Problemlösung ein. Gehen Sie nicht zu schnell in diese Phase. Dieser letzte Schritt besteht darin, eine Lösung zu finden, die beide Perspektiven einbezieht. Je mehr Zeit Sie auf die Schritte eins und zwei verwenden, desto weniger Reibung und desto mehr Kreativität werden Sie in diesem Schritt erleben.

Zuhören, um zu verstehen – kurz und bündig

Verstehen ist eine Frage der Einstellung. Seien Sie neugierig auf die Standpunkte anderer. Und seien Sie sich bewusst, dass wir alle unterschiedlichen Perspektiven und blinde Flecken haben.

SPIELZUG 7

Wirklich präsent sein: Zähmen Sie Ihren herumwandernden Geist

Warum sich dieser Spielzug lohnt

Wenn wir jemandem zuhören, hören wir oft nicht wirklich zu. Wir hören zwar, was die andere Person sagt, aber unsere Aufmerksamkeit ist zerstreut. Wir sind abgelenkt durch all die »Apps«, die im Hintergrund laufen und unseren begrenzten Arbeitsspeicher aufbrauchen. Dadurch sind wir nicht wirklich auf das Gespräch fokussiert und nutzen nicht die volle Bandbreite unserer Aufmerksamkeit. Die Qualität des Gesprächs leidet.

Welche Apps laufen da im Hintergrund? Eine davon bereitet unsere eigene Antwort vor (siehe Spielzug 8 »Zuhören, um zu verstehen: Entwickeln Sie die Gewohnheit, keine Antwort vorzubereiten«). Eine andere ist die natürliche Tendenz unseres Geistes, abzuschweifen.

Das Umherschweifen der Gedanken ist ein Ergebnis unserer evolutionären Prägung. Schon früh in unserer Evolution war es notwendig, sich leicht ablenken zu lassen, um potenzielle Bedrohungen zu erkennen. Wenn unsere Vorfahren zum Beispiel Nahrung sammelten, mussten sie in der Lage sein, ihre Aufmerksamkeit schnell auf etwas anderes zu richten, wenn ein Raubtier angreifen wollte. Wir können unser Gehirn nicht daran hindern, Gedanken zu produzieren; wir können das Umherschweifen der Gedanken nicht abschalten. Wir können aber unsere Selbstwahrnehmung schärfen, schneller bemerken,

Sehr oft ist unser Geist abgelenkt.

Zähmen Sie Ihren Geist, um wirklich präsent zu sein.

wenn wir abgelenkt sind, und uns darin üben, unsere Aufmerksamkeit immer wieder neu auszurichten.

Wenn wir auf diese Weise achtsames Zuhören kultivieren, kann sich die Qualität unserer Interaktionen mit anderen deutlich verbessern. Achtsames Zuhören trainiert unseren Aufmerksamkeitsmuskel ähnlich wie Meditation, aber anstatt uns auf unseren Atem zu konzentrieren, richten wir die Aufmerksamkeit auf eine andere Person.

»Zuhören ist nicht schwer; was schwer ist, ist, unsere Gedanken vom Umherschweifen abzuhalten.«

GREG MCKEOWN

Wie Sie diesen Spielzug umsetzen

- **Entscheiden.** Entscheiden Sie sich dafür, sich ganz dem Gespräch zu widmen. Wenn Sie das nicht können, finden Sie einen besseren Zeitpunkt für das Gespräch. Schalten Sie äußere Ablenkungen aus, zum Beispiel Ihr Telefon oder Ihren Webbrowser, und seien Sie ganz bei Ihrem Gesprächspartner.

- **Fokussieren.** Schenken Sie Ihrem Gesprächspartner die volle Aufmerksamkeit.

- **Wahrnehmen.** Achten Sie beim Zuhören darauf, worauf Ihre Aufmerksamkeit gerichtet ist. Nehmen Sie wahr, wenn sich ein anderer Gedankengang einschleicht, und kehren Sie zum aktuellen Gespräch zurück. Es kann hilfreich sein, sich in nicht-wertender Beobachtung zu üben: Bemerken und benennen Sie, was da ist (Gedanken, Gefühle, Empfindungen) und lassen Sie es los. Sie können später darauf zurückkommen.

- **Erneut fokussieren.** Richten Sie Ihre Aufmerksamkeit immer wieder auf die andere Person aus.

Wirklich präsent sein – kurz und bündig

Wenn Sie sich bewusst dafür entscheiden, Ihre Aufmerksamkeit immer wieder auf die Person zu richten, der Sie gerade zuhören, werden Sie voll und ganz Teil des Gesprächs.

SPIELZUG 8
Das eigene Verständnis klären: Benennen Sie, was Sie gehört haben

Warum sich dieser Spielzug lohnt

Der beste Weg sicherzustellen, dass Sie die Meinung Ihres Gegenübers wirklich verstehen, besteht darin, das Gehörte in eigenen Worten wiederzugeben und darüber nachzudenken. Aus der Kommunikationswissenschaft wissen wir, dass ein großer Teil der Informationen bei jedem Gespräch im Rauschen verloren geht (vielleicht haben Sie etwas falsch verstanden oder Ihr Gesprächspartner hat sich unklar ausgedrückt). Wenn Sie Ihr Verständnis wiedergeben, wird dieses Rauschen reduziert. Und indem Sie klärende Fragen stellen, geben Sie anderen das Gefühl, gehört zu werden, sowie die Möglichkeit, ihre Gedanken so zu äußern, dass sich ihre Sichtweise schärft und erweitert. Dabei werden oft neue Informationen und unerwartete Möglichkeiten aufgedeckt.

Paraphrasieren ist ein entscheidendes Element des Zuhörens und einer der Gründe, warum gutes Zuhören aktiv ist. Untersuchungen von Jack Zenger und Joseph Folkman zeigen, dass gute Zuhörer eher einem Trampolin als einem Schwamm gleichen: Sie verstärken die Energie des Sprechenden, anstatt sie passiv zu absorbieren. Wenn Sie als Führungskraft Ihren Teammitgliedern ein Trampolin bieten, können Sie sicher sein, dass sie sich energetisiert und verstanden, gesehen und wertgeschätzt fühlen. Und wenn Menschen sich verstanden fühlen, sind sie wiederum offener dafür, anderen zuzuhören und andere Meinungen in

Betracht zu ziehen. Zuhören kann die Tür zu einer besseren Zusammenarbeit und mehr Engagement öffnen.

Mangelnde Wertschätzung ist einer der Hauptgründe für geringes Engagement am Arbeitsplatz. Wenn wir innehalten und unser Verständnis klären, zeigen wir auch, dass uns die Menschen in unserem Team wichtig sind. Das vertieft die Beziehungen und erhöht die Motivation. Wenn wir uns die Zeit nehmen, uns zu vergewissern, dass wir andere wirklich verstanden haben, können wir eine Atmosphäre des Respekts und des Vertrauens schaffen – ein sicheres Umfeld zur Erforschung neuer Ideen.

Wie Sie diesen Spielzug umsetzen

- **Das Gesagte spiegeln.** Überprüfen Sie Ihr Verständnis durch Paraphrasieren und Zusammenfassen. Verwenden Sie zum Beispiel Formulierungen wie »Was ich höre, ist Folgendes …«, »Es hört sich so an, als ob …« und »Wenn ich Sie richtig verstanden habe, …«.

- **Nicht einfach wiederholen, was gesagt wurde.** Verwenden Sie Ihre eigenen Worte, um sicherzustellen, dass Sie wirklich verstanden haben.

- **Anderen die Möglichkeit geben, ihre Aussagen zu erklären.** Fragen Sie, ob Sie richtig verstanden haben, worum es dem anderen geht, und lassen Sie sich gegebenenfalls korrigieren. Wenn Sie bemerken, dass die andere Person wiederholt das Gleiche sagt, nehmen Sie dies als Signal dafür, dass sie sich noch nicht verstanden fühlt, und paraphrasieren Sie mehr.

- **Zum Erforschen einladen.** Stellen Sie Fragen, die dem Sprecher helfen, seine Gedanken zu schärfen und zu vertiefen: »Es scheint, dass für Sie … der Schlüssel ist – richtig?« »Was bringt Sie dazu, so zu denken?« und »Fehlt noch etwas?«

Das eigene Verständnis klären – kurz und bündig

Wenn Sie Fragen stellen und sich vergewissern, dass Sie den Standpunkt Ihres Gesprächspartners wirklich verstehen, fühlt dieser sich gehört, und es entsteht eine Atmosphäre der Offenheit und Wertschätzung.

SPIELZUG 9
Auf Gefühle achten: Hören Sie, was nicht gesagt wird

Warum sich dieser Spielzug lohnt

Gewöhnlich glauben wir, dass die Geschäftswelt frei von Emotionen sein sollte. Aber der Mensch ist ein emotionales Wesen, bei der Arbeit und überall sonst. Außerdem zeigt die Forschung, dass Emotionen für die Entscheidungsfindung notwendig sind. Wenn die Verbindung zum emotionalen Teil des Gehirns unterbrochen wird, sind Menschen nicht mehr in der Lage, Entscheidungen zu treffen. Es ist daher wichtig, unsere Emotionen geschickt zu nutzen, anstatt sie zu ignorieren. Emotionen sind Daten!

Als Führende müssen wir uns bewusst sein, dass die Menschen nicht all ihre Gefühle offenbaren. Dafür gibt es verschiedene Gründe: die Unternehmenskultur und der individuelle Stil, die Unsicherheit darüber, was man mitteilen darf und wie andere reagieren könnten. Deshalb müssen wir auf die Gefühle hinter den Worten hören. Wenn wir auf das hören, was nicht gesagt wird, können wir verstehen, was die Handlungen anderer Menschen wirklich antreibt. So sind wir besser in der Lage, die Ursache von Konflikten und Problemen anzugehen.

Hören Sie auf das, was ungesagt bleibt

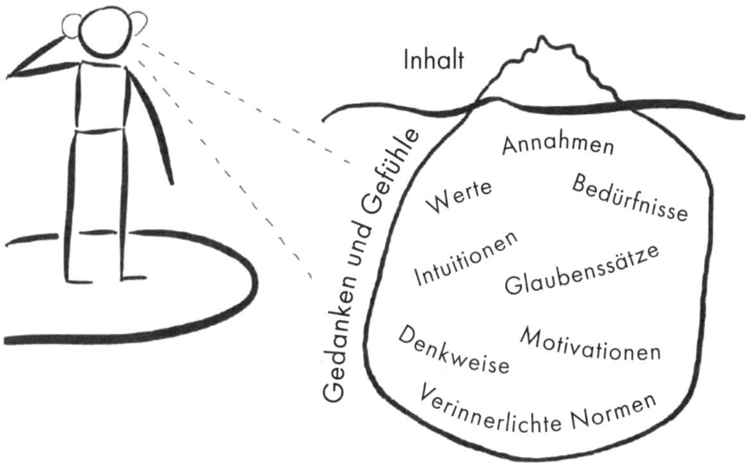

Über Gefühle zu sprechen, kann sich anfangs schwierig und unangenehm anfühlen, und es erfordert Einfühlungsvermögen und Übung. Aber bedenken Sie, dass der erste Schritt oft der schwierigste ist. Sobald wir die Gefühle anerkennen, verlieren sie ihre Macht, und wir können freier über das sprechen, was wirklich wichtig ist.

Wie Sie diesen Spielzug umsetzen

- **Nehmen Sie den emotionalen Inhalt wahr,** der in den Aussagen der anderen Person steckt. Entdecken Sie die Gefühle hinter Zuschreibungen, Urteilen und Anschuldigungen.

- **Achten Sie auf nonverbale Signale** wie Mimik, Gestik, Körperhaltung und andere Anzeichen von Körpersprache.

- **Benennen Sie, was Sie wahrnehmen, und erkennen Sie es an.** Überprüfen Sie, ob Sie richtig liegen. Sie könnten zum Beispiel sagen: »Ich spüre, dass Sie im Moment verärgert und vielleicht frustriert sind. Stimmt das, oder habe ich das falsch verstanden?«

- **Denken Sie daran, dass »Anerkennung« nicht automatisch »Zustimmung« bedeutet.** Allzu oft gehen wir davon aus, dass wir der anderen Person entweder zustimmen oder widersprechen müssen. Stattdessen können wir die Macht und Bedeutung der Gefühle der anderen Person anerkennen, auch wenn wir dem Inhalt des Gesagten nicht zustimmen.

- **Vermeiden Sie Bewertungen und zeigen Sie Einfühlungsvermögen.** Wenn Ihr Gesprächspartner zum Beispiel Frustration äußert, überlegen Sie, warum er sich so fühlt – unabhängig davon, ob Sie dieses Gefühl für gerechtfertigt halten oder ob Sie selbst so empfinden würden, wenn Sie in seiner Lage wären. Sie könnten antworten: »Ich kann spüren, dass Sie frustriert sind« oder »Ich kann verstehen, dass diese Situation Frustration verursachen kann«.

Auf Gefühle achten – kurz und bündig

Wenn Sie die Emotionen hinter den Worten wahrnehmen und anerkennen, können Sie die Gründe für schwierige Gespräche ansprechen und Konflikte geschickter lösen.

SPIELZUG 10
Neugierig bleiben: »Erzählen Sie mir mehr«

Warum sich dieser Spielzug lohnt

Neugier ist eine besonders wirksame Kraft, die Führende einsetzen können. Sie wirkt Angst und Selbstverliebtheit entgegen und fördert das Lernen und die Zusammenarbeit.

Wenn Sie anderen so zuhören wollen, dass sie sich ermutigt fühlen, ihr volles Potenzial einzubringen, dann lassen Sie sich deren Perspektive erklären. Die Aufforderung »Erzählen Sie mir mehr« ist eine wirkungsvolle Möglichkeit, um Menschen einzuladen, ihre Gedanken und Ideen mitzuteilen, nach tieferen Beweggründen zu suchen und an die Oberfläche zu bringen, was vorher unbekannt war (sogar für sie selbst). So können wirklich neue und innovative Ideen entstehen.

Das hört sich vielleicht einfacher an, als es ist. Im Alltag ist es nicht nur Zeitdruck, der uns daran hindert, genauer hinzuhören. Wir haben auch die Tendenz zu glauben, dass wir bereits genau wissen, was gesagt wird, und ziehen deshalb voreilige Schlüsse. Menschen, die sich der Neugier verschreiben, zeigen die Einstellung eines Anfängers (»Beginner's mindset«): Sie fragen nach und hören zu, als ob sie nichts wüssten.

Erzählen
Sie mir
mehr!
Sie/er
interessiert
sich für mich!
Sie/er schätzt
meine Perspektive.
Ich bin ihr/ihm
wichtig.

»Neugier ist das Kraftvollste, was wir besitzen.«

JAMES CAMERON

Wie Sie diesen Spielzug umsetzen

- **Zu weiteren Ausführungen auffordern: »Erzählen Sie mir mehr«.** Ermutigen Sie Ihre Mitarbeitenden, ihre Sichtweise umfassend darzulegen. Stellen Sie klärende Fragen, die den Sprecher unterstützen.

- **Ein freundliches Misstrauen gegenüber ersten Aussagen entwickeln.** Wenn Sie etwas hören, gehen Sie nicht direkt davon aus, dass Sie verstehen, was die andere Person wirklich meint. Wenn ein Kollege zum Beispiel sagt: »Wir müssen kundenorientierter werden«, stellen Sie klärende Fragen wie zum Beispiel »Können Sie näher erläutern, was Sie mit kundenorientiert meinen?« »Was hat Sie dazu veranlasst, dieses Thema anzusprechen?« und »Was haben Sie nicht gesagt? Gibt es etwas, das ich übersehe?«

- **Stille tolerieren.** Springen Sie nicht gleich mit Ihren eigenen Ideen hinein. Bleiben Sie bei Ihrem Gesprächspartner und warten Sie, bis er wieder spricht. Oft entsteht nach einem Moment der Stille eine ganz neue Ebene der offenen Kommunikation.

Sich der Neugier verschreiben – kurz und bündig

Wenn Sie mit echter Neugier zuhören, tragen Sie dazu bei, dass Gedanken umfassender werden und eine tiefere Verbindung entsteht. Vier Worte sind genug: »Erzählen Sie mir mehr.«

DIE KUNST DES ZUHÖRENS MEISTERN:
Spiel 2 – Rückblick und Ressourcen

Die Spielzüge – kurz und bündig

Spielzug 6 – Zuhören, um zu verstehen: Verstehen ist eine Frage der Einstellung. Seien Sie neugierig auf die Standpunkte anderer, und seien Sie sich bewusst, dass wir alle unterschiedliche Perspektiven und blinde Flecken haben.

Spielzug 7 – Wirklich präsent sein: Wenn Sie sich bewusst dafür entscheiden, Ihre Aufmerksamkeit immer wieder auf die Person zu richten, der Sie gerade zuhören, werden Sie voll und ganz Teil des Gesprächs.

Spielzug 8 – Das eigene Verständnis klären: Wenn Sie Fragen stellen und sich vergewissern, dass Sie den Standpunkt Ihres Gesprächspartners wirklich verstehen, fühlt er sich gehört, und es entsteht eine Atmosphäre der Offenheit und Wertschätzung.

Spielzug 9 – Auf Gefühle achten: Wenn Sie die Emotionen hinter den Worten wahrnehmen und anerkennen, können Sie die Gründe für schwierige Gespräche ansprechen und Konflikte geschickter lösen.

Spielzug 10 – Neugierig bleiben: Wenn Sie mit echter Neugier zuhören, tragen Sie dazu bei, dass Gedanken vollständiger werden und eine tiefere Verbindung entsteht. Vier Worte sind genug: »Erzählen Sie mir mehr.«

Empfohlene Lektüre

Greg McKeown, *Essentialismus: Die konsequente Suche nach Weniger. Ein neuer Minimalismus erobert die Welt* (Kandern: Unimedica/Narayana Verlag, 2018).

Jack Zenger und Joseph Folkman, »What Great Listeners Actually Do«, Zenger Folkman website, 2019, zengerfolkman.com/wp-content/uploads/2019/08/What-Great-Listeners-Actually-Do_WP-2019.pdf.

Douglas Stone, Bruce Patton und Sheila Heen, *Difficult Conversations: How to Discuss What Matters Most* (New York: Penguin, 2010).

Kate Murphy, *Immer auf Sendung … nie auf Empfang: Warum wir einander endlich zuhören müssen* (München: Mosaik, 2021).

Rosalie Puiman, *The Mindful Guide to Conflict Resolution: How to Thoughtfully Handle Different Situations, Conversations, and Personalities* (New York: Adams Media, 2019).

Maria Ross, *The Empathy Edge: Harnessing the Value of Compassion as an Engine for Success* (Vancouver: Page Two, 2019).

SPIEL 3

MIT DEN EIGENEN REAKTIONEN UMGEHEN

Als Führende denken wir, dass wir immer unangreifbar, allwissend und stark sein müssen. Aber auch Führungskräfte sind Menschen. Wir reagieren emotional auf berufliche Situationen. Wenn wir uns dieser Reaktionen nicht bewusst sind, können wir in einer Weise handeln, die der psychologischen Sicherheit abträglich ist. Stellen Sie sich eine Szene vor, in der jemand in einer Teambesprechung eine herausfordernde Frage stellt und der Teamleiter sich verteidigt und dieser Person unfreundlich antwortet. In dieser kurzen Interaktion hat die Führungskraft dem gesamten Team signalisiert, dass dies keine sichere Umgebung ist. Die Person, die die Frage gestellt hat, ist wahrscheinlich verlegen oder gedemütigt, und sie wird sich zweifellos zurückhalten, wieder das Wort zu ergreifen. Andere, die den Austausch miterlebt haben, werden ebenfalls zögern, eine Frage zu stellen oder einen anderen Standpunkt zu vertreten.

Um ein psychologisch sicheres Umfeld zu schaffen, müssen sich Führende mutig ihrer eigenen Reaktionen bewusst werden und lernen, sie zu steuern. Der angemessene Umgang mit unseren Reaktionen bedeutet nicht, dass wir unsere Emotionen verleugnen. Wenn wir unsere Gefühle wahrnehmen, können wir eine produktive Reaktion wählen, anstatt uns unbewusst von unseren Emotionen bestimmen zu lassen.

Bei der Kultivierung einer tieferen Selbsterkenntnis werden wir unweigerlich mit unseren eigenen Unzulänglichkeiten und Schwächen konfrontiert, und es ist normal, dass wir dann an unseren Fähigkeiten als Führungskraft zu zweifeln beginnen.

Trauen Sie sich, sich Ihrer selbst bewusst zu werden!

Anstatt zu denken, dass wir schwach sind, können wir unsere ehrliche Selbsterkenntnis als Stärke für die Schaffung eines sicheren Umfelds nutzen, in dem sich jeder mit seinem wunderbaren, unvollkommenen Selbst einbringen kann.

Eine Geschichte über den geschickten Umgang mit den eigenen Reaktionen

Minette hat eine lebhafte Erinnerung an ein Meeting, in der eine ihrer Kolleginnen vormachte, wie man mit starken Reaktionen umgeht:

Wir befanden uns in einem Leadership-Meeting und diskutierten mögliche Veränderungen in der Organisation. Einer meiner Kollegen sagte zu einer anderen Kollegin, dass er den Wert ihres Teams in der Organisation nicht sehe und der Meinung sei, dass das gesamte Team abgeschafft werden könnte. Wow! Stellvertretend für meine Kollegin, die dieses Feedback erhielt, blieb mir fast die Luft weg. Ich stellte mir vor, wie ich mich fühlen würde (und wie ich reagieren würde), wenn jemand so etwas zu mir sagt. Wie meine Kollegin reagierte? Ich konnte den anfänglichen Schock auf ihrem Gesicht sehen. Sie antwortete aber nicht sofort. Sie hielt inne und atmete tief durch. Und dann fragte sie mit ruhiger Stimme und echter Neugier: »Können Sie mir mehr darüber sagen, warum Sie keinen Wert in diesem Team sehen?«

Die Art und Weise, wie sie auf diesen Angriff auf den Wert ihres Teams reagierte, lockerte die Spannung im Raum und ermöglichte einen Dialog. Die Gruppe führte eine produktive Diskussion.

Der Kollege, der die Abschafffung der Teams vorgeschlagen hatte, machte einen Rückzieher, als er merkte, dass er nicht den vollen Überblick hatte. Dieses produktive und wichtige Gespräch wurde durch ein Innehalten, einen Atemzug und eine neugierige Frage ermöglicht.

Die Spielzüge in diesem Spiel

11. Raus aus der Verteidigungshaltung: Drücken Sie die Pause-Taste.

12. Produktiv reagieren: Benennen Sie Ihre Emotionen.

13. Auf blinde Flecken achten: »Welche Geschichten erzähle ich mir selbst?«

14. Die Herausforderung wertschätzen: Danken Sie anderen für ihren Mut.

15. Auf den Ideen anderer aufbauen: »Ja, und«

SPIELZUG 11
Raus aus der Verteidigungshaltung: Drücken Sie die Pause-Taste

Warum sich dieser Spielzug lohnt

Im beruflichen Umfeld ist es üblich, sich zu verteidigen. Ein Kollege kritisiert die Arbeit Ihres Teams vor Ihrem Vorgesetzten. Ihre Vorgesetzte sagt, Sie würden die Erwartungen nicht erfüllen. Ein Mitarbeiter sagt Ihnen, dass Sie ihm nicht zuhören. Wenn wir bei der Arbeit in eine Verteidigungshaltung kommen, reagiert unser Gehirn oft so, als wären wir in körperlicher Gefahr. Die Reaktion von Kampf, Flucht oder Erstarrung (Fight-Flight-Freeze) – hilfreich, wenn wir wirklich in körperlicher Gefahr sind, aber deplatziert in sozialen Kontexten – übernimmt, und wir reagieren auf eine Weise, die wir später oft bereuen. Wir schreien jemanden an, kritisieren ihn persönlich oder lenken die Schuld von uns auf andere. Diese unproduktiven, verteidigenden Reaktionen wirken sich negativ auf unsere Fähigkeit aus, ein psychologisch sicheres Umfeld zu schaffen.

Als Führende können wir uns bewusst werden, dass wir dabei sind, in eine Verteidigungshaltung zu verfallen, damit wir uns selbst bremsen können, bevor wir etwas Destruktives tun oder sagen. Unser Körper zeigt genau an, wenn wir in eine Verteidigungshaltung kommen. Wir fangen vielleicht an zu zittern oder zu schwitzen, fühlen unser Herz rasen, spüren Muskelverspannungen oder merken, dass wir rot werden.

Ein besserer Umgang mit unserer Verteidigungshaltung erfordert Übung. Wir können uns auf die nächste herausfordernde Situation vorbereiten, indem wir uns vorstellen, wie wir uns gern verhalten würden, anstatt automatisch zu reagieren. Je mehr wir dies üben, desto leichter fällt es uns, unsere Verhaltensweise zu wählen.

Wie Sie diesen Spielzug umsetzen

- **Bemerken, wenn wir in eine Verteidigungshaltung kommen.** Herzrasen oder ein heißes Gesicht können Zeichen dafür sein, dass Ihr Verteidigungsmechanismus ausgelöst wurde.

- **Innehalten.** Innezuhalten, bevor man antwortet, ist oft das Positivste und Kraftvollste, was wir tun können. Wenn wir uns verteidigen wollen, reagieren wir instinktiv sofort – und nicht immer auf die produktivste Weise.

- **Atmen und reflektieren.** Indem wir einige Male tief durchatmen, können wir die Spannung in unserem Körper loslassen und überlegen, wie wir auf die Emotion, die wir gerade erleben, reagieren wollen.

- **Eine konstruktive Reaktion wählen.** Nur weil wir starke Emotionen haben, müssen wir uns von ihnen nicht beherrschen lassen. Wenn wir wahrnehmen, was wir fühlen, und innehalten, um darüber zu reflektieren, können wir konstruktiv reagieren. Wenn wir uns zum Beispiel herausgefordert fühlen, können wir eine neugierige Frage stellen, statt den anderen anzufahren.

Raus aus der Verteidigungshaltung – kurz und bündig

Wie Sie als Führungskraft in Situationen reagieren, in denen Sie sich in die Defensive gedrängt fühlen, kann die psychologische Sicherheit fördern oder beeinträchtigen.

SPIELZUG 12
Produktiv reagieren: Benennen Sie Ihre Emotionen

Warum sich dieser Spielzug lohnt

Selbsterkenntnis ist eine der grundlegendsten Fähigkeiten für Führungskräfte. Nur wenn wir unsere Gefühle bewusst wahrnehmen, können wir kontrollieren, wie wir im jeweiligen Moment reagieren. Einer der besten Wege, um emotional achtsam zu sein, besteht darin, unser Erleben in Echtzeit zu benennen. Das kann schwieriger sein, als wir denken, denn wir verfügen nicht immer über das Vokabular, um unsere Gefühle nuanciert und jenseits von allgemeinen Aussagen wie »glücklich«, »traurig« und »wütend« zu beschreiben.

Forschungen haben gezeigt, dass die einfache Praxis des Benennens unserer Gefühle eine positive Wirkung auf unser Gehirn haben kann. Wenn wir unsere Emotionen benennen, übernehmen wir wieder die Kontrolle. Das Benennen verringert unsere emotionale Reaktion und ermöglicht unserem rationalen Denken, wieder die Oberhand zu gewinnen.

Wir können uns darin üben, unsere Emotionen im Stillen zu benennen. Und wir können auch anderen mitteilen, wie wir uns fühlen. Diese Verletzlichkeit trägt dazu bei, einen sicheren Raum für andere zu schaffen, in dem sie ihre Erlebnisse mitteilen können – und befreit uns vom Stigma, zu emotional zu sein. Wir alle haben Emotionen – wir sollten nur produktiver mit ihnen umgehen.

»Deine Gefühle machen dich zum Menschen.
Selbst die unangenehmen Gefühle haben einen Sinn.
Sperre sie nicht weg. Wenn man sie ignoriert,
werden sie nur noch lauter und wütender.«

SABAA TAHIR

Wie Sie diesen Spielzug umsetzen

- **Starke Gefühle wahrnehmen.** Versuchen Sie, diese starken Gefühle mit Worten zu beschreiben: Ich fühle mich stolz, ängstlich, traurig, erleichtert, beschämt, gekränkt, verbittert, hoffnungsvoll, ängstlich …

- **Eine Liste von Gefühlen nutzen.** Manchmal können wir nicht das richtige Wort finden, um genau zu beschreiben, was wir fühlen. Susan David, die Autorin von *Emotionale Beweglichkeit*, hat eine hilfreiche Liste von Wörtern erstellt, die sie unter Oberbegriffe zusammenfasst. Unter dem Oberbegriff »ängstlich« listet sie zum Beispiel die Emotionen »furchtsam«, »verwirrt«, »gestresst«, »verletzbar«, »skeptisch«, »besorgt«, »vorsichtig« und »nervös« auf. Sie können sich eine solche Liste ausdrucken und an Ihrem Schreibtisch aufbewahren, um besser benennen zu können, was Sie gerade empfinden.

- **Das Gefühl ohne Bewertung anerkennen.** Benennen Sie Ihre Gefühle, aber verurteilen Sie sich nicht dafür, dass Sie sie empfinden. Zum Beispiel: »Ich fühle mich gedemütigt, nachdem ich vor meinen Mitarbeitenden kritisiert wurde.«

- **Atmen.** Wenn Sie die Emotionen, die Sie erleben, benennen, atmen Sie tief ein und langsam wieder aus. Das hilft Ihnen, sich von der Emotion zu distanzieren und in Ruhe zu entscheiden, wie Sie reagieren wollen. (Siehe Spielzug 11 »Raus aus der Verteidigungshaltung: Drücken Sie die Pause-Taste«.)

Produktiv reagieren – kurz und bündig

Indem Sie Ihre Emotionen benennen, gewinnen Sie Selbsterkenntnis und können bewusst entscheiden, wie Sie reagieren wollen.

SPIELZUG 13
Auf blinde Flecken achten: »Welche Geschichten erzähle ich mir selbst?«

Warum sich dieser Spielzug lohnt

Das menschliche Gehirn ist eine Maschine, die Geschichten erzählt. Geben Sie ihm ein paar Daten, und es denkt sich sofort eine Geschichte dazu aus. Dieser Prozess läuft schnell und automatisch ab, weil er sich auf unser intuitives Denken stützt (»System 1«-Denken nennt es der Psychologe Daniel Kahneman). Unser Gehirn hat kein Gespür dafür, was fehlt – es ist auf Kohärenz optimiert, nicht auf Korrektheit.

Wir müssen uns dieser Eigenschaft unseres Gehirns bewusster werden, denn sie führt zu Vorurteilen und blinden Flecken. Diese können wir nicht beseitigen, sie sind die Kehrseite unserer faszinierenden Fähigkeit, mit Komplexität umzugehen und schnell Entscheidungen zu treffen. Wir können jedoch unser Bewusstsein dafür schärfen. Mit diesem geschärften Bewusstsein können wir die Geschichten unseres Gehirns als das erkennen, was sie sind – Erzählungen, die auf begrenzten Daten beruhen, nicht auf der Wahrheit. Und wir können ein gesundes Misstrauen gegenüber dem Lieblingssport unseres Gehirns entwickeln: voreilig Schlüsse zu ziehen.

Die Kultivierung dieses Bewusstseins ist entscheidend für Führende, die mit ihren Reaktionen produktiver umgehen, andere in ihrer Entfaltung unterstützen und sowohl Naivität als auch Selbstgerechtigkeit vermeiden wollen.

Aus komplexen und unvollständigen Daten macht unser Gehirn schnell und mühelos zusammenhängende Geschichten ...

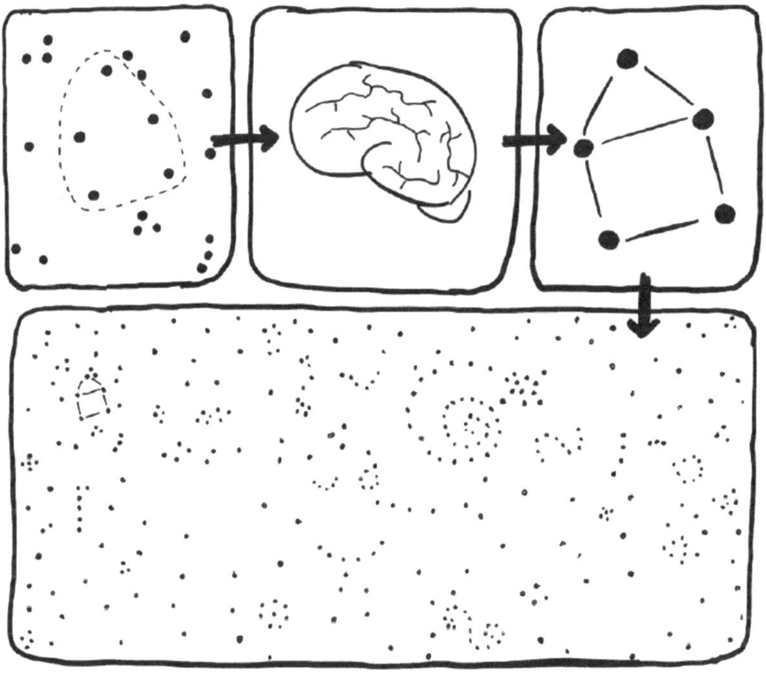

Dabei wird alles andere vernachlässigt, was zu Voreingenommenheit und blinden Flecken führt.

Wie Sie diesen Spielzug umsetzen

- **Erkennen, was passiert.** Das meiste, was wir denken und tun, basiert auf unserem schnellen und automatischen Denken, das zwar Energie spart, aber anfällig für Vorurteile und blinde Flecken ist.

- **Die eigene Geschichte in Klammern setzen.** Nehmen Sie die Schlussfolgerungen Ihres Gehirns als erste Anregung. Seien Sie sich bewusst, dass es eine Geschichte ist, nicht die Wahrheit. Gehen Sie immer davon aus, dass es weitere Daten gibt, die andere Geschichten ergeben würden.

- **Der zweite Blick.** Suchen Sie nach fehlenden Daten. Fordern Sie Ihr Gehirn heraus, nach widerlegenden Indizien zu suchen und das Gegenteil Ihrer Geschichte zu erforschen.

Auf blinde Flecken achten – kurz und bündig

Wenn Sie wissen, dass Ihr Gehirn blinde Flecken hat, können Sie erkennen, dass Ihre Geschichte vielleicht nicht die Wahrheit ist. Das schafft mehr Offenheit für andere Perspektiven und Erfahrungen.

SPIELZUG 14
Die Herausforderung wertschätzen: Danken Sie anderen für ihren Mut

Warum sich dieser Spielzug lohnt

Seien wir ehrlich: Wenn wir herausgefordert werden, fühlt es sich oft wie ein Angriff an. Unser Gehirn unterscheidet nicht zwischen verschiedenen Arten von Bedrohung. Ob ein Teammitglied unsere Strategie infrage stellt, unsere Vorgesetzte unseren Quartalsbericht missbilligt oder ein Kollege mit den von uns vorgeschlagenen nächsten Handlungsschritten nicht einverstanden ist – unser Gehirn reagiert genauso, als würde ein Säbelzahntiger hinter einem Busch auftauchen. Unsere Herz- und Atemfrequenz beschleunigt sich, unser Blut wird in unsere Arme und Beine umgeleitet, und unser präfrontaler Kortex schaltet sich ab. Wir sind bereit zu rennen, nicht zu denken. Unser autonomes Nervensystem hat die Reaktion von Kampf, Flucht oder Erstarrung (Fight-Flight-Freeze) ausgelöst.

Was einst für unser Überleben angemessen und notwendig war, ist heute oft nicht mehr sinnvoll. Die Reaktion von Kampf, Flucht oder Erstarrung schränkt unsere geistigen Fähigkeiten ein, beeinträchtigt unsere Gesprächsfähigkeit und verleitet uns dazu, eine Verteidigungshaltung einzunehmen oder anderen die Schuld zu geben.

Um aus dieser automatischen Reaktion auszusteigen, können wir bewusst wahrnehmen, was gerade geschieht, innehalten und eine produktivere Reaktion wählen. Wir machen eine Kehrtwende: Anstatt uns von der Herausforderung abzuwenden,

Unsere unproduktive Reaktion, wenn etwas einen wunden Punkt in uns trifft …

Wählen Sie eine produktivere Antwort: »Vielen Dank, dass Sie das gesagt haben.«

wenden wir uns ihr zu und danken der Person dafür, dass sie den Mut hatte, sich zu äußern. Das ist auch dann möglich, wenn wir nicht mit ihr übereinstimmen. Indem wir die Offenheit der Person wertschätzen, ermutigen wir alle anderen, sich ebenfalls zu äußern, was eine Kultur von Respekt und Ehrlichkeit schafft.

Wie Sie diesen Spielzug umsetzen

- **Erkennen.** Wenn Sie herausgefordert werden, nehmen Sie bewusst wahr, was in Ihnen vorgeht. Spüren Sie Ihre Gefühle und körperlichen Reaktionen und benennen Sie diese. Sie könnten zum Beispiel sagen: »Das hat mich getroffen«, »Ich fühle mich angegriffen« oder »Mein Herz rast«. (Siehe Spielzug 12 »Produktiv reagieren: Benennen Sie Ihre Emotionen«.)

- **Innehalten und atmen.** Tiefes Atmen aktiviert das parasympathische Nervensystem, den Gegenspieler der Reaktion von Kampf, Flucht oder Erstarrung des sympathischen Nervensystems. Wenn Sie die Pause-Taste drücken, verschaffen Sie Ihrem präfrontalen Kortex genau die Zeit, die er braucht, um wieder aktiv zu werden.

- **Eine Kehrtwende machen.** Anstatt gegen den Angriff zu kämpfen oder vor ihm zu fliehen, versuchen Sie, sich der Herausforderung zu stellen. Denken Sie daran, dass Ihre jetzige Reaktion die zukünftige Arbeitsatmosphäre bestimmt.

- **Wertschätzen.** Trennen Sie den Inhalt der Herausforderung von der Person, die Sie herausfordert. Vielleicht sind Sie mit dem Inhalt überhaupt nicht einverstanden, aber Sie können die Bereitschaft der anderen Person, sich zu äußern, dennoch würdigen und ihren Mut anerkennen. Sagen Sie zum Beispiel: »Auch wenn ich es anders sehe, schätze ich Ihre Offenheit sehr«, »Danke, dass Sie den Mut haben, Ihre Meinung zu sagen!«, »Erzählen Sie mir mehr über Ihre Sichtweise«.

- **Sich verbinden.** Versuchen Sie Ihr Bestes, um mit der anderen Person verbunden zu bleiben – lassen Sie sich nicht von Ihren instinktiven Reaktionen vereinnahmen, machen Sie den anderen nicht zum Feind. Erinnern Sie sich an Ihre gemeinsamen Werte und Ziele oder an die Tatsache, dass die andere Person ihr Bestes gibt, genau wie Sie.

Die Herausforderung wertschätzen – kurz und bündig

Eine Kehrtwende von der Reaktion von Kampf, Flucht oder Erstarrung hin zu einer wertschätzenden Antwort ermutigt Ihre Gesprächspartner, sich zu äußern.

SPIELZUG 15
Auf den Ideen anderer aufbauen: »Ja, und«

Warum sich dieser Spielzug lohnt

Wenn jemand eine neue Idee vorstellt, reagieren wir in der Regel mit »Ja, aber ...«. Wir sagen zum Beispiel »Aber das wird nie funktionieren« oder »Aber das haben wir schon versucht«. Es ist uns klar, warum dies eine schlechte Idee ist, warum sie nicht erfolgreich sein wird und warum wir sie nicht umsetzen können. Diese gewohnheitsmäßige Reaktion ist stark, weil sie von zwei grundlegenden Tendenzen unseres Gehirns verstärkt wird: sich auf das Negative zu konzentrieren und zu urteilen. Wenn wir zulassen, dass unser Gehirn diesen Tendenzen folgt, zerstören wir Motivation und Kreativität.

Um einen fruchtbaren Boden für die Entwicklung, Diskussion, Erprobung und Verfeinerung neuer Ideen zu schaffen, können wir das »Ja, aber« aufgeben und zu »Ja, und« wechseln. Wir können uns bewusst auf das konzentrieren, was an der neuen Idee gut ist. In jeder Idee, so seltsam und unpassend sie auch klingen mag, können wir Aspekte finden, auf denen wir aufbauen können.

Wenn Sie als Führungskraft diese Einstellung kultivieren, werden Sie feststellen, dass Brainstorming-Sitzungen viel kreativer werden (und mehr Spaß machen). Die Mitarbeitenden fühlen sich ermutigt, ihre ersten Gedanken und Ideen offen mitzuteilen. Auf diese Weise können Sie die Kreativität fördern und die Innovationskraft Ihres Teams stärken.

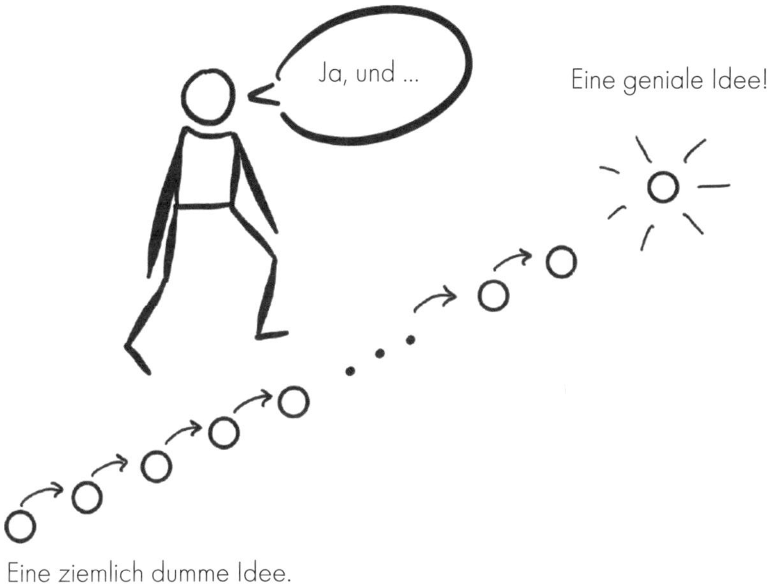
Ja, und ...
Eine geniale Idee!
Eine ziemlich dumme Idee.

Wie Sie diesen Spielzug umsetzen

- **»Hässliche Babys« tolerieren.** Widerstehen Sie dem Drang zu urteilen und neue Ideen oder »hässliche Babys« zu eliminieren, wie es die Autoren Tom Kelley und David Kelley in ihrem Buch *Kreativität & Selbstvertrauen* nennen. Wenn Sie vorschnellen Urteilen widerstehen, haben Sie viel gewonnen.

- **Die 10 Prozent finden.** Entschließen Sie sich, das Wertvolle an der Idee zu finden. Eine nützliche Grundhaltung ist, dass man auf 10 Prozent einer jeden Idee aufbauen kann (ein Konzept von Shirzad Chamine). Machen Sie es sich zur Gewohnheit, diese 10 Prozent zu finden. Sagen Sie zum Beispiel: »An dieser Idee gefällt mir …«, »Ein hervorragender Aspekt daran ist …« oder »Ja, und …«.

- **Das Labor betreten.** Verstehen Sie Ideen als Experimente, die Ihr Team durchführt und überprüft. Das nimmt den Druck und fördert die Kreativität.

- **In Schleifen denken.** Begeben Sie sich mit Ihrem Team auf eine Reise von Versuch und Irrtum. Führen Sie Experimente durch, testen Sie, lernen Sie und passen Sie die Idee dementsprechend an. Verwenden Sie »Ja, und«, um in diesen Lernschleifen voranzukommen.

Auf den Ideen anderer aufbauen – kurz und bündig

Wenn Sie eine »Ja, und«-Kultur leben, in der alle Ideen willkommen sind, schaffen Sie die Voraussetzungen für Kreativität und Innovation.

MIT DEN EIGENEN REAKTIONEN UMGEHEN: Spiel 3 – Rückblick und Ressourcen

Die Spielzüge – kurz und bündig

Spielzug 11 – Raus aus der Verteidigungshaltung: Wie Sie als Führungskraft in Situationen reagieren, in denen Sie sich in die Defensive gedrängt fühlen, kann die psychologische Sicherheit fördern oder beeinträchtigen.

Spielzug 12 – Produktiv reagieren: Indem Sie Ihre Emotionen benennen, gewinnen Sie Selbsterkenntnis und können bewusst entscheiden, wie Sie reagieren wollen.

Spielzug 13 – Auf blinde Flecken achten: Wenn Sie wissen, dass Ihr Gehirn blinde Flecken hat, können Sie erkennen, dass Ihre Geschichte vielleicht nicht die Wahrheit ist. Das schafft mehr Offenheit für andere Perspektiven und Erfahrungen.

Spielzug 14 – Die Herausforderung wertschätzen: Eine Kehrtwende von der Reaktion von Kampf, Flucht oder Erstarrung hin zu einer wertschätzenden Antwort ermutigt Ihre Gesprächspartner, sich zu äußern.

Spielzug 15 – Auf den Ideen anderer aufbauen: Wenn Sie eine »Ja, und«-Kultur leben, in der alle Ideen willkommen sind, schaffen Sie die Voraussetzungen für Kreativität und Innovation.

Empfohlene Lektüre

Susan David, *Emotionale Beweglichkeit: Für freie Entfaltung mit klarem Blick und offenem Geist.* (Weinheim: Unimedica/Narayana Verlag, 2020)

Daniel Kahneman, *Schnelles Denken, langsames Denken* (München: Penguin, 2016).

Byron Katie, *Lieben, was ist: Wie vier Fragen Ihr Leben verändern* (München: Arkana, 2002).

Shirzad Chamine, *PQ – Positive Intelligenz: Entwaffnen Sie Ihre 10 inneren Saboteure* (München: Goldmann, 2013).

Tom und David Kelley, *Kreativität & Selbstvertrauen: Der Schlüssel zu Ihrem Kreativitätsbewusstsein* (Mainz: Verlag Hermann Schmidt, 2014).

James W. Tamm und Ronald J. Luyet, *Radical Collaboration: Five Essential Skills to Overcoming Defensiveness and Build Successful Relationships* (New York: HarperCollins, 2020).

Justin Bariso, *EQ – Emotionale Intelligenz: Wie es im Privat- und Berufsleben gelingt, emotionale Reaktionen zu kontrollieren und Emotionen sinnvoll zu nutzen* (München: Vahlen, 2019).

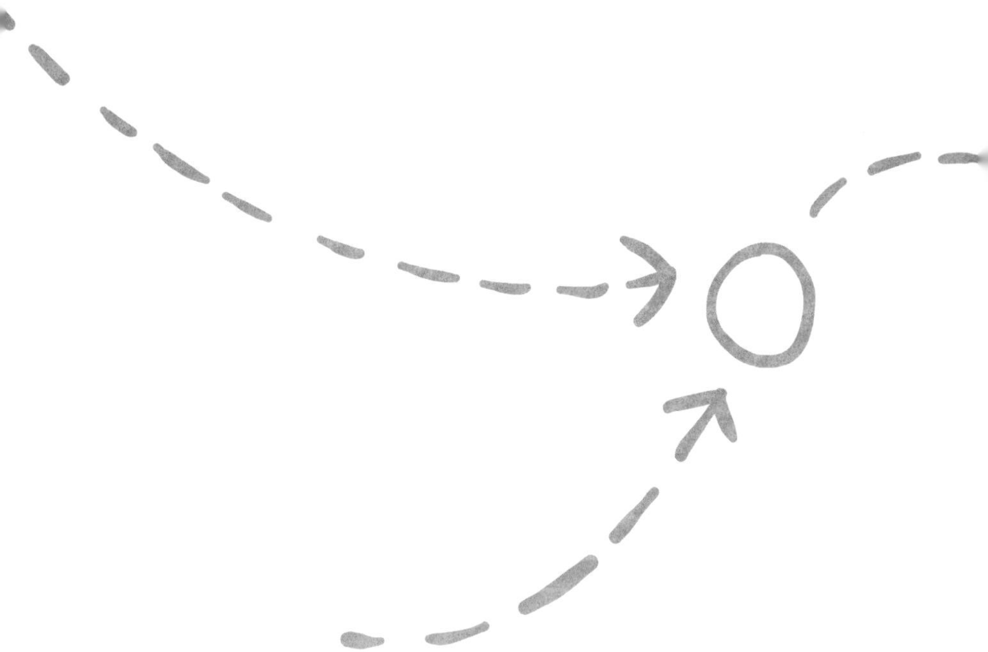

SPIEL 4

RISIKO UND SCHEITERN WILLKOMMEN HEISSEN

Die Art und Weise, wie wir als Führungskräfte mit Risiken und Misserfolgen umgehen, hat einen großen Einfluss auf die psychologische Sicherheit unserer Teams. Ermutigen wir dazu, Risiken einzugehen, oder bestrafen wir das Scheitern? Konzentrieren wir uns auf Lernmöglichkeiten oder arbeiten wir mit Schuldzuweisungen? Je nachdem, welche Signale wir aussenden und welchen Ton wir anschlagen, kann das Klima in unseren Teams sehr unterschiedlich sein.

Risiken und Scheitern willkommen zu heißen, bedeutet nicht, Leistungsstandards zu senken oder Verantwortlichkeiten zu vernachlässigen. Stattdessen bedeutet es, das Lernen zu beschleunigen und ehrlichere Gespräche zu führen, um so noch höhere Leistungen und bessere Ergebnisse zu erzielen.

Es ist nicht leicht, einen neuen Umgang mit Risiken und Misserfolgen zu kultivieren. Denn es widerspricht unserer natürlichen Veranlagung, Risiken zu vermeiden, und unserer gewohnheitsmäßigen Tendenz, Fehler zu verstecken oder zu ignorieren. Es erfordert, dass wir eingefahrene Muster loslassen und lernen, unsere emotionalen Reaktionen besser zu steuern. Je öfter wir dies praktizieren, desto mehr wird es zu unserer neuen Gewohnheit – bis es eines Tages zur zweiten Natur wird. Die magische Zutat für diese Verwandlung? Neugier! Wir alle müssen Misserfolge neugieriger erforschen, um zu verstehen, was wir daraus lernen können. Genauso wie die Wahrnehmung unserer Emotionen liefert uns das Erforschen des Scheiterns neue, wichtige Daten!

Eine Geschichte über Führung, die Wachstum unterstützt

Karolin berichtet, wie sie dem Team eines Kunden geholfen hat, das Wachstum der Mitarbeitenden und des Teams zu unterstützen:

Tatjana ist Wirtschaftsingenieurin und arbeitet als Teamleiterin in einem großen deutschen Telekommunikationsunternehmen. Vor einigen Jahren beschloss ihr Unternehmen, die Feedback-Kultur zu verändern und nicht mehr nur einmal im Jahr ein

Feedback vom Vorgesetzten an die Mitarbeitenden zu geben. Stattdessen sollte Rundum-Feedback direkt vor Ort unter den Mitarbeitenden eingeführt werden. Die Unternehmensleitung kommunizierte diese Veränderung auf breiter Ebene und hoffte, dass sich dadurch die Organisation verändern würde. Und was geschah? Entweder nichts oder es ging nach hinten los, und die Mitarbeitenden wurden wütend aufeinander. Tatjana erkannte bald, dass ihr Team sich zunächst mit seiner Denkweise auseinandersetzen musste, bevor es sich mit Feedback befassen konnte.

Sie kannte das Konzept des Growth-Mindset von Carol S. Dweck aus einer meiner Schulungen und wollte es in ihrem Team umsetzen. Da ihre Teammitglieder über verschiedene Standorte in Deutschland, Russland und fünf anderen Ländern verteilt waren, gestalteten wir drei Monate lang ein virtuelles Projekt mit einem eigenen Slack-Channel, in dem wir über Dwecks Konzept diskutierten, uns unserer eigenen Denkweise bewusst wurden und unser Growth-Mindset stärkten. Nach dieser Phase organisierten wir ein zweitägiges Vor-Ort-Training zum Thema Feedback. Das Team hatte nun eine völlig andere Einstellung; es fühlte sich nicht mehr durch Feedback bedroht und nahm stattdessen die Möglichkeiten für Lernen und Wachstum an, die sich aus Feedback ergeben. Bis heute führt das Team Workshops durch und verbreitet das Growth-Mindset-Denken auch in anderen Abteilungen. Tatjana ist noch immer im Unternehmen und ist inzwischen Expertin für emotionale Intelligenz.

Die Spielzüge in diesem Spiel

16. Scheitern normalisieren: »Das ist neu für uns, also werden wir Misserfolge erleben.«

17. Misserfolge als Lernchancen verstehen: »Interessant! Was können wir daraus lernen?«

18. Unbehagen annehmen: Schwierige Emotionen willkommen heißen.

19. Lernverhalten vorleben: Fehler eingestehen und aus ihnen lernen.

20. Kontinuierliches Lernen feiern: Misserfolge ohne Schuldzuweisungen analysieren.

SPIELZUG 16

Scheitern normalisieren: »Das ist neu für uns, also werden wir Misserfolge erleben«

Warum sich dieser Spielzug lohnt

Es gibt keine Innovation und keinen Erfolg ohne Scheitern auf dem Weg dorthin. Wenn man erfolgreich sein will, muss man das Scheitern als unvermeidlichen Teil des Prozesses akzeptieren – alles andere ist unrealistisch. Aus diesem Grund müssen wir Scheitern von seinem Stigma befreien. Scheitern ist nicht inakzeptabel und muss nicht unbedingt vermieden werden; es ist ein notwendiges Nebenprodukt der Innovation. Das Fehlen von Misserfolgen kann sogar auf das Fehlen von Innovation hindeuten.

Für Führende ist es entscheidend, die Erwartungen entsprechend zu formulieren. Wir müssen deutlich machen, dass wir mit Misserfolgen rechnen und dass unser Ziel nicht darin besteht, Scheitern zu vermeiden, sondern auf dem Weg zum Erfolg so schnell wie möglich daraus zu lernen.

Wenn wir diese Erwartungen klar formulieren, werden unsere Teammitglieder nicht der natürlichen menschlichen Neigung nachgeben, Misserfolge zu verstecken. Die Mitarbeitenden können sich entspannen und sich sicher fühlen, scheitern und darüber sprechen zu dürfen – was Lernen und Innovation beschleunigt. Die Klärung dieser Erwartungen verringert erheblich das Risiko größerer Misserfolge in der Zukunft, sowohl in Häufigkeit als auch in Umfang und Auswirkungen.

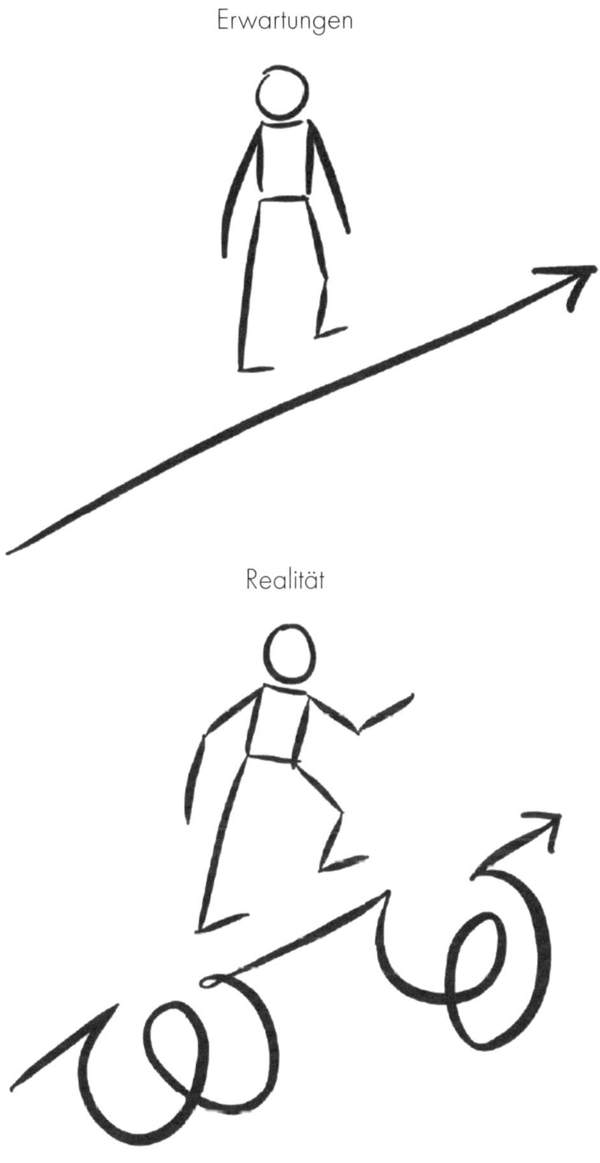
Erwartungen
Realität

»Wenn du erfolgreich sein willst,
mach' doppelt so viele Fehler.«

THOMAS J. WATSON

Wie Sie diesen Spielzug umsetzen

- **Die Denkweise ändern.** Verabschieden Sie sich von der unrealistischen Erwartung, dass Erfolg ohne Scheitern möglich ist. Nehmen Sie Misserfolge als unvermeidlich auf dem Weg zum Erfolg an. Informieren Sie sich über erfolgreiche Menschen und erfahren Sie mehr über die Misserfolge und Rückschläge, die sie überwunden haben. (Versuchen Sie es mit der Websuche »berühmte Misserfolge«.)

- **Deutlich formulieren.** Wann immer Ihr Team etwas Neues ausprobiert, betonen Sie, dass Sie mit Fehlschlägen rechnen. Sagen Sie zum Beispiel: »Wir versuchen etwas Neues; wir werden es nicht beim ersten Mal schaffen« oder »Wir können uns über unsere Fehler austauschen und daraus lernen«.

- **Leistung und Erfolg neu definieren.** Auch erfolgreiche Menschen scheitern, allerdings machen sie intelligente Fehler, aus denen sie lernen und das Gelernte weitergeben. Erfolg bedeutet nicht, keine Fehler zu machen, sondern schnell daraus zu lernen.

Scheitern normalisieren – kurz und bündig

Wenn Sie deutlich machen, dass Sie mit Misserfolgen rechnen, beschleunigen Sie Lernen – und damit auch den Erfolg.

SPIELZUG 17
Misserfolge als Lernchancen verstehen: »Interessant! Was können wir daraus lernen?«

Warum sich dieser Spielzug lohnt

Viele Unternehmen fördern das lebenslange Lernen ihrer Mitarbeitenden und streben danach, lernende Organisationen zu werden. Aber wie lernen wir? Die Forschung zeigt, dass Misserfolge für echtes Lernen notwendig sind. Wenn wir keine Misserfolge erleben, lernen wir auch nicht. Rachel Simmons, Autorin und Trainerin von Führungskräften, sagte einmal: »Scheitern ist kein Fehler beim Lernen, es ist ein Merkmal des Lernens.«

Wenn Scheitern ein Merkmal des Lernens ist, sind die Führenden dafür verantwortlich, so weit wie möglich Misserfolge von Angst zu entkoppeln. Sie müssen in ihren Teams ein sicheres Umfeld schaffen, damit sich die Mitarbeitenden damit auseinandersetzen können, was sie aus den Misserfolgen lernen können. Natürlich gibt es verschiedene Arten von Fehlern: Manche sind intelligenter als andere, und manche sind vermeidbar. Aber ganz gleich, um welche Art von Fehler es sich handelt, machen Sie es sich zum vorrangigen Ziel, daraus zu lernen.

Wenn Sie es sich zur Gewohnheit machen, das Lernen aus Fehlern in den Vordergrund zu stellen, nehmen Sie ein Growth-Mindset an – das Gegenmittel zu einer Kultur ungesunden Schweigens und Verheimlichens von Fehlern. Diese veränderte Einstellung führt zu Innovation und besseren Ergebnissen.

Der Wert des Lernens

Wie Sie diesen Spielzug umsetzen

- **Verstehen und vermitteln Sie**, dass Misserfolge eine Quelle wertvoller Informationen sind.
- **Reagieren Sie produktiv, wenn Misserfolge auftreten.** Lassen Sie sich nicht dazu verleiten, zu kritisieren, zu tadeln und zu bestrafen. Atmen Sie tief durch und entschließen Sie sich stattdessen, aus diesem Misserfolg zu lernen. Üben Sie mit Ihren Teammitgliedern eine wertschätzende Erkundung zum Beispiel in der Form des »Appreciative Inquiry«.
- **Stellen Sie Fragen, um möglichst viele Erkenntnisse zu gewinnen:** »Was sagt uns diese Erfahrung?« »Was können wir daraus lernen?« »Was werden wir beim nächsten Mal anders machen?« »Wie können wir unser Vorgehen optimieren?« »Wie kann ich Sie in Zukunft am besten unterstützen?«

- **Belohnen Sie Offenheit, Neugier und Mut.** Sagen Sie zum Beispiel: »Das war mutig von Ihnen«, »Ich bin froh, dass Sie mir das gesagt haben«, »Danke für Ihr Engagement und Ihren Beitrag«, »Unser Ziel ist es nicht, Misserfolge zu vermeiden, sondern aus Misserfolgen zu lernen!«

Misserfolge als Lernchancen verstehen – kurz und bündig

Wenn Sie beginnen, Misserfolge als Lernchancen zu sehen, verringern Sie wirksam die Angst vor dem Scheitern.

SPIELZUG 18

Unbehagen annehmen: Schwierige Emotionen willkommen heißen

Warum sich dieser Spielzug lohnt

Unser Gehirn ist nicht darauf ausgelegt, in einer zunehmend unsicheren Welt mutig neue Dinge zu tun – es soll uns schützen und unser Überleben sichern. Deshalb bewertet es alle Erfahrungen sofort als angenehm oder unangenehm (oder neutral) und steuert unser Verhalten entsprechend: suchen, was sich gut anfühlt, und vermeiden, was sich schlecht anfühlt.

Innovation bedeutet, sich ins Unbekannte zu wagen und Risiken einzugehen, und ist daher immer mit unangenehmen, schwierigen Gefühlen verbunden. Je unbeständiger und komplexer unsere Welt wird, desto mehr Unbehagen erleben wir. Wir brauchen deshalb eine neue, weiter gefasste Beziehung zu unseren Gefühlen des Unbehagens. Wir können sie annehmen, »mit ihnen sein«, sie als notwendige Gefühle vielleicht sogar umarmen.

Um psychologische Sicherheit in unseren Organisationen zu schaffen, müssen wir unsere natürliche Tendenz, schwierige Emotionen zu vermeiden und vor ihnen wegzulaufen, loslassen. Je mehr wir dies praktizieren, desto mehr bilden wir eine neue gewohnheitsmäßige Reaktion aus. Wir gewinnen die Freiheit, unsere Reaktionen bewusst zu wählen und bessere Entscheidungen zu treffen, wenn wir mit Ungewissheit konfrontiert sind.

Willkommen

Wie Sie diesen Spielzug umsetzen

- **Sich beruhigen.** Wenn Sie schwierige Gefühle erleben, halten Sie inne und atmen Sie tief durch. Tiefes Atmen ist wie eine magische Pause-Taste: Es verlangsamt die Stressreaktion und ermöglicht uns, aus unseren automatischen Mustern herauszukommen. (Siehe Spielzug 11 »Raus aus der Verteidigungshaltung: Drücken Sie die Pause-Taste«.)

- **Distanzierung üben.** Nehmen Sie wahr, was in Ihnen vorgeht. Benennen Sie Ihre Gefühle. Nehmen Sie die Vogelperspektive ein und sehen Sie das große Ganze. Wie werden Sie die Situation in einem Jahr oder in zehn Jahren sehen? Versetzen Sie sich in die Perspektive eines objektiven Beobachters (oder einer Fliege an der Wand) und sprechen Sie über sich selbst in der dritten Person.

- **Nicht bewerten.** Kritisieren Sie sich nicht dafür, dass Sie schwierige Gefühle empfinden. Nehmen Sie Ihren inneren Kritiker wahr, ohne sich mit seinen Bewertungen zu identifizieren.

- **Zur Akzeptanz einladen.** Versuchen Sie, vom Wahrnehmen zur Akzeptanz (und vielleicht sogar zur Wertschätzung) zu gelangen. Das könnte so klingen: »Ja, das fühle ich«, »Kann ich mich selbst akzeptieren, wenn ich so fühle?« »Kann ich diese notwendigen Gefühle vielleicht sogar wertschätzen?«

Unbehagen annehmen – kurz und bündig

Wenn wir lernen, mit unseren schwierigen Emotionen umzugehen, kultivieren wir Resilienz und Freiheit und tragen dazu bei, dass sich andere psychologisch sicher fühlen.

SPIELZUG 19
Lernverhalten vorleben: Fehler eingestehen und aus ihnen lernen

Warum sich dieser Spielzug lohnt

Eine der wirkungsvollsten Veränderungen, die wir als Führende umsetzen können, besteht darin, ein Scheitern oder eine Einschätzung, die sich als falsch erwiesen hat, offen zuzugeben und zu teilen, was wir daraus gelernt haben. Indem wir das tun, sprechen wir nicht nur über eine sichere Kultur, in der wir aus Fehlern lernen können, – wir leben sie vor. Wir können einen neuen Weg aufzeigen, wie wir auf Enttäuschungen, Rückschläge und Fehler mit Neugier und urteilsfreier Einsicht antworten können, statt mit Selbstkritik und schlechten Gefühlen.

Lernverhalten auf diese Weise vorzuleben, vermittelt am wirkungsvollsten die Botschaft, dass es sicher ist, zu scheitern. Wenn Ihre Vorgesetzten offen über eigene Fehler sprechen, werden Sie das Gefühl haben, dass auch Sie scheitern dürfen. Und das ist das Herzstück der psychologischen Sicherheit.

Es ist nicht leicht, offen über unsere eigenen Fehler zu sprechen, denn es widerspricht dem, was uns als Führungspersönlichkeiten beigebracht wird, wie zum Beispiel »stark sein heißt, perfekt sein« und »Fehler sind Schwächen«. Es erfordert Mut, die Maske der Vollkommenheit abzunehmen. (Siehe Spielzug 4 »Die Maske der Perfektion abnehmen: Ich weiß es noch nicht.«). Paradoxerweise wird sich das, was als Schwäche erschien, dann

als Stärke erweisen. Gerade durch das Eingeständnis der eigenen Fehlbarkeit werden Sie von anderen als starke, selbstbewusste, authentische und vertrauenswürdige Führungskraft wahrgenommen.

Wie Sie diesen Spielzug umsetzen

- **Reflektieren.** Denken Sie über Ihre Enttäuschungen, Misserfolge und Fehler nach. Versuchen Sie, dies mit Neugier, urteilsfreier Einsicht und viel Selbstmitgefühl zu tun. Etwas aufzuschreiben (auch wenn es nur für ein paar Minuten ist), kann dabei helfen. Wenn sich Ihr innerer Kritiker zu Wort meldet (wie bei vielen leistungsorientierten Menschen), versuchen Sie diesen Trick: Schreiben Sie über sich selbst in der dritten Person oder aus der Sicht eines Mentors. Wie würde jemand, der Sie kennt und unterstützt, Ihre Situation beschreiben?

- **Lernen.** Was können Sie aus Ihrer Erfahrung lernen? Wenn das Universum diese Erfahrung geschaffen hätte, um Sie etwas zu lehren, was wäre das? Nennen Sie ein bis drei wichtige Erkenntnisse, die Sie aus dieser Erfahrung mitnehmen möchten.

- **Teilen.** Erzählen Sie anderen von Ihren Erfahrungen und was Sie selbst daraus mitgenommen haben. Wählen Sie dafür einen passenden Rahmen und ein angemessenes Maß an Details.

Lernverhalten vorleben – kurz und bündig

Lernverhalten vorzuleben, ist eine besonders wirkungsvolle Möglichkeit, um psychologische Sicherheit zu schaffen. Versuchen Sie, möglichst viel aus Ihren eigenen Fehlern zu lernen, und teilen Sie Aha-Momente mit Ihrem Team.

SPIELZUG 20
Kontinuierliches Lernen feiern: Misserfolge ohne Schuldzuweisungen analysieren

Warum sich dieser Spielzug lohnt

Sie können Offenheit, Agilität und Innovation beschleunigen, indem Sie ein grundlegend anderes Verständnis von Arbeit entwickeln. Versuchen Sie nicht länger, sich zu beweisen, gegen andere zu gewinnen oder Perfektion vorzutäuschen. Konzentrieren Sie sich stattdessen auf Lernen, Verbesserung und Fortschritt. Betrachten Sie Arbeit als einen kontinuierlichen Lernprozess. In dieser Sichtweise ist Scheitern nicht entmutigend, sondern motivierend. Dadurch kann Ihr Team sein volles Potenzial ausschöpfen und höhere Leistungsniveaus erreichen.

Schlüsselelemente dieses Wandels sind Nachbesprechungen ohne Schuldzuweisungen (»Blameless Postmortems«): regelmäßige Diskussionen darüber, was passiert ist und warum etwas nicht funktioniert hat. Diese Diskussionen unterscheiden sich von der üblichen Praxis in den meisten Organisationen, denn wir fragen nicht »Wer ist verantwortlich? Wer hat Schuld?«, sondern »Was können wir lernen? Wie gestalten wir das nächste Experiment?« Wir konzentrieren uns nicht auf die Vergangenheit, was zu Verteidigungshaltung und schlechten Gefühlen führt, sondern auf die Zukunft, was Kreativität und Engagement fördert.

Von Schuldzuweisungen …

… zum Lernen

Wenn Sie den Charakter der Gespräche auf diese Weise grundlegend ändern, wird Lernen zum Teil der DNA Ihrer Organisation und beeinflusst jedes einzelne Ihrer Meetings. Verzichten Sie darauf, eine einmalige »Fuck-up-Night« zu organisieren. Diese Veranstaltungen sind zu einem weltweiten Trend geworden, um Scheitern auf witzige und glamouröse Weise sichtbar zu feiern, aber sie enden oft als Pflichtprogramm, das keine langfristigen Auswirkungen auf die tägliche Arbeit im Team hat.

»Fehler können wie Eis sein. Wenn wir uns gegen sie wehren, werden wir ausrutschen und in eine missliche Haltung geraten. Wenn wir Fehler als Teil der Darbietung verstehen, werden wir durch sie hindurchgleiten und die Schönheit des ganzen Laufs genießen.«

ROSAMUND STONE ZANDER UND BENJAMIN ZANDER

Wie Sie diesen Spielzug umsetzen

- **Regelmäßige urteilsfreie Nachbesprechungen einplanen.** Fragen Sie zum Beispiel: »Was hat nicht funktioniert?«, »Warum?«, »Was war das Rezept für diesen ineffektiven Ansatz?«, »Was wäre eine bessere Vorgehensweise?«

- **Den offenen Austausch über Misserfolge zu einer positiven Erfahrung für Ihre Teammitglieder machen.** Analysieren Sie Misserfolge und feiern Sie diese sogar (»Toll, wie viel wir gelernt haben!«).

- **Schuldzuweisungen und Beschämung vermeiden.** Es ist nicht leicht, auf Bewertungen zu verzichten. Achten Sie aufmerksam auf Emotionen, und hören Sie auf die Zwischentöne. Überlegen Sie, ob Sie für das Meeting bestimmte Regeln etablieren wollen.

- **»Prämortem-Gespräche« führen.** Der Psychologe Gary Klein prägte den Begriff »Prämortem« und meint damit eine Besprechung, in der ein Team von der Annahme ausgeht, dass sich eine Entscheidung oder ein Projekt als Katastrophe herausstellen wird. Man analysiert und diskutiert darüber, warum das Vorhaben scheitern wird. Mitarbeitende werden gefeiert, wenn sie Fehler in der Strategie finden und dadurch zu besseren Entscheidungen beitragen.

Kontinuierliches Lernen feiern – kurz und bündig

Wenn Sie urteilsfreie Nachbesprechungen zu einer regelmäßigen Gewohnheit machen, können Sie Lernen als Prozess verankern.

RISIKO UND SCHEITERN WILLKOMMEN HEISSEN: Spiel 4 – Rückblick und Ressourcen

Die Spielzüge – kurz und bündig

Spielzug 16 – Scheitern normalisieren: Wenn Sie deutlich machen, dass Sie mit Misserfolgen rechnen, beschleunigen Sie das Lernen – und damit auch den Erfolg.

Spielzug 17 – Misserfolge als Lernchancen verstehen: Wenn Sie anfangen, Misserfolge als Lernchancen zu sehen, verringern Sie wirksam die Angst vor dem Scheitern.

Spielzug 18 – Unbehagen annehmen: Wenn wir lernen, mit unseren schwierigen Emotionen umzugehen, kultivieren wir Resilienz und Freiheit und tragen dazu bei, dass sich andere psychologisch sicher fühlen.

Spielzug 19 – Lernverhalten vorleben: Lernverhalten vorzuleben, ist eine besonders wirkungsvolle Möglichkeit, um psychologische Sicherheit zu schaffen. Versuchen Sie, möglichst viel aus Ihren eigenen Fehlern zu lernen, und teilen Sie diese Lektionen mit Ihrem Team.

Spielzug 20 – Kontinuierliches Lernen feiern: Wenn Sie urteilsfreie Nachbesprechungen zu einer regelmäßigen Gewohnheit machen, können Sie Lernen als Prozess verankern.

Empfohlene Lektüre

Gary Klein, »Performing a Project Premortem«, *Harvard Business Review*, 2007, hbr.org/2007/09/performing-a-project-premortem.

Rosamund Stone Zander und Benjamin Zander, *The Art of Possibility: Transforming Professional and Personal Life* (New York: Penguin, 2002).

Carol S. Dweck, *Selbstbild: Wie unser Denken Erfolge oder Niederlagen bewirkt* (München: Piper, 2017).

John C. Maxwell, *Failing Forward: Turning Mistakes into Stepping Stones for Success* (Nashville: Thomas Nelson, 2007).

Alina Tugend, *Better by Mistake: The Unexpected Benefits of Being Wrong* (New York: Riverhead Books, 2011).

Jim Dethmer, Diana Chapman und Kaley Warner Klemp, *The 15 Commitments of Conscious Leadership: A New Paradigm for Sustainable Success* (Seattle: Amazon Publishing, 2015).

Pema Chödrön, *Wenn alles zusammenbricht* (München: Goldmann, 2001).

SPIEL 5

INKLUSIVE RITUALE GESTALTEN

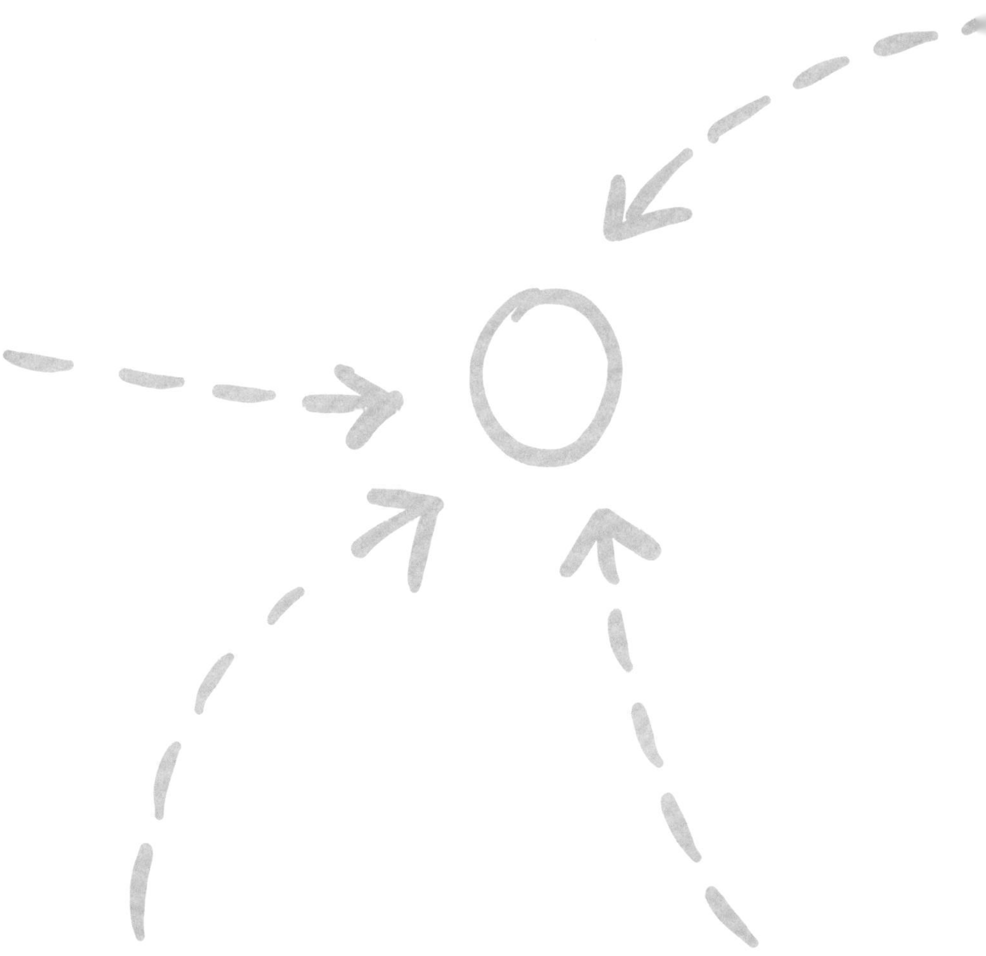

Das Bedürfnis nach Inklusion und Zugehörigkeit ist für uns Menschen von grundlegender Bedeutung. Entwicklungsgeschichtlich waren wir als Spezies immer Teil einer Gemeinschaft. Wie können wir diesem Bedürfnis nach Zugehörigkeit im beruflichen Umfeld gerecht werden? Indem wir sicherstellen, dass jeder Mitarbeitende einer Organisation als einzigartiges Individuum geschätzt, respektiert und akzeptiert wird; indem alle ermutigt werden, sich voll einzubringen, und alle die gleichen Möglichkeiten erhalten.

Es gibt zahlreiche Forschungsergebnisse, die zeigen, dass Unternehmen erfolgreich und innovativ sind, wenn sie vielfältige Ideen und Talente nutzen. Aber Inklusion geschieht nicht automatisch dadurch, dass wir eine vielfältige Belegschaft einstellen. Führende müssen bewusst eine inklusive Kultur schaffen, in der sich die verschiedenen Ideen und Talente entfalten können.

Eine Kultur zu verändern bedeutet, unser Verhalten und unseren Umgang miteinander zu ändern. Indem wir beispielsweise integrierende Rituale in unsere täglichen Interaktionen einbauen und diese Rituale konsequent umsetzen, können wir eine Kultur schaffen, in der jeder Mitarbeitende gehört, gesehen und respektiert wird.

Vielfalt ohne Inklusion

Vielfalt mit Inklusion

Die Geschichte über inklusiven Führungsstil

Karolin erinnert sich an die Zusammenarbeit mit einer außergewöhnlich integrativen Führungskraft während ihrer Zeit bei McKinsey:

Gassan leitete ein Team des McKinsey-Büros in Dubai, und ich war Junior-Projektmanagerin in diesem Team. Er war einer der intelligentesten Menschen, die ich je getroffen habe – und gleichzeitig einer der freundlichsten. Was ihn antrieb, war nicht sein persönlicher Ehrgeiz, sondern sein Wunsch, seine Region, den Nahen Osten, voranzubringen. Bevor ich mit Gassan arbeitete, verbrachte ich einige Jahre bei McKinsey Deutschland, wo es üblich war, dass die Direktoren einflogen, mit den vom Team erarbeiteten Ergebnissen allein zum Klienten gingen und zurückkamen, um dem Team Arbeitsaufträge zu geben. Gassan wählte ein anderes Vorgehen. Er nahm das gesamte Team mit zum Klientengespräch, denn er wollte sichergehen, dass diejenigen, die die Analysen durchgeführt und das Excel-Modell erstellt hatten, die detaillierten Fragen des Klienten direkt beantworten konnten. Und wer war unser Klient? Der Kronprinz von Bahrain!

Gassans Ansatz war nicht nur wesentlich inklusiver, motivierender und mit mehr Spaß verbunden, sondern auch produktiver. Wir sparten Zeit für Besprechungen vor und nach dem Klienten-termin, hatten weniger Informationsverlust, und der Klient konnte direkt mit den Mitarbeitenden sprechen, die am besten alle Fragen beantworten konnten.

Die Spielzüge in diesem Spiel

21. Meetings effektiver gestalten: Bestimmen Sie einen »Inklusions-Booster«.
22. Alle Stimmen respektieren: Stellen Sie die Regel auf, dass niemand unterbrochen wird.
23. Sich abwechseln: Keiner spricht ein zweites Mal, bevor nicht jeder ein erstes Mal gesprochen hat.
24. Die psychologische Sicherheit überprüfen: Feedback nach Meetings einholen.
25. Das Team wertschätzen: Dankbarkeit ausdrücken.

SPIELZUG 21
Meetings effektiver gestalten: Bestimmen Sie einen »Inklusions-Booster«

Warum sich dieser Spielzug lohnt

In vielen beruflichen Besprechungen fühlt sich nur ein kleiner Teil der Teilnehmenden regelmäßig ermutigt, einen Beitrag zu leisten. Wenn wir genauer auf den Verlauf von Meetings achten, stellen wir häufig fest, dass zwei oder drei Personen die meiste Redezeit in Anspruch nehmen, während die anderen schweigen. Wenn Teammitglieder sich nicht sicher genug fühlen, sich in Meetings zu äußern, gehen uns aber wertvolle und vielfältige Sichtweisen verloren.

Eine der wichtigsten Änderungen, die wir in unseren Sitzungen vornehmen können, ist die Ernennung eines »Inklusions-Boosters« . Seine Aufgabe besteht darin, die Integration zu fördern, indem er dafür sorgt, dass alle Stimmen und abweichenden Ideen gehört werden. Jeder, der schon einmal ein Meeting moderiert hat, weiß, dass das nicht einfach ist. Es erfordert gutes Zuhören und Fingerspitzengefühl, um sicherzustellen, dass niemand das Meeting dominiert oder entgleisen lässt und jede und jeder die Chance hat, einen Beitrag zu leisten.

Wenn Sie einen »Inklusions-Booster« einführen, können Sie Ihre eigenen Führungsqualitäten unter Beweis stellen, indem Sie selbst diese Rolle in einem Meeting übernehmen. Denken Sie daran, dass Sie dabei eher Vermittler und nicht so sehr aktiver Teilnehmer sind. Daher ist es wichtig, dass die Rolle abwech-

Ohne Inklusions-Booster

Mit Inklusions-Booster

selnd besetzt wird. Indem jeder die Rolle selbst erfährt, werden alle geschickter bei der Durchführung inklusiver Meetings und lernen mehr über die Dynamik von Besprechungen.

Auch wenn es zunächst unangenehm (oder albern) erscheinen mag, besteht das eigentliche Ziel, einen »Inklusions-Booster« einzuführen, darin, inklusives Verhalten zu praktizieren und entsprechende Erwartungen zu setzen. Minette führt Workshops für inklusive Meetings durch und erhielt das folgende Feedback von einer Workshop-Teilnehmerin, die diese Praxis in ihrer Organisation eingeführt hatte: »Ich finde, dass die Meetings, an denen ich heute teilnehme, viel bewusster, inklusiver und erfolgreicher sind als früher. Ich freue mich darauf, solche inklusiven Besprechungen weiter zu verbreiten.«

Wie Sie diesen Spielzug umsetzen

- **Grundregeln für Meetings vorher festlegen.** Erinnern Sie die Teilnehmenden zu Beginn jeden Meetings an diese Regeln.
- **Auf Redezeit und Unterbrechungen achten.** Wenn jemand zu viel redet, bedanken Sie sich höflich für die Ideen und fordern Sie die anderen auf, etwas beizutragen. Wenn jemand einen anderen unterbricht, können Sie zum Beispiel sagen: »Alex hat seinen Gedanken noch nicht zu Ende gebracht; lassen wir ihn ausreden.«
- **Bei der Klärung von Unklarheiten helfen.** Bitten Sie beispielsweise die Teilnehmenden, Abkürzungen oder neue Begriffe zu erklären, damit alle den gleichen Kenntnisstand haben.

- **Auf Personen achten, die den Eindruck machen, dass sie etwas sagen wollen**, aber nicht wissen, wie sie sich einbringen sollen. Laden Sie diese Mitarbeitenden ein, sich zu äußern.

- **Ausdrücklich nach einem alternativen Standpunkt fragen,** wenn sich die Gruppe schnell auf die Idee einer Person einigt.

- **Respektvoll und bestimmt sein.** Der »Inklusions-Booster« ist derjenige, der unterbrechen kann, wenn jemand die Besprechung an sich reißt oder sich abfällig über andere äußert.

Meetings effektiver gestalten – kurz und bündig

Meetings sind nicht von allein inklusiv. Wenn Sie einen »Inklusions-Booster« ernennen, sorgen Sie dafür, dass alle Stimmen gehört werden.

SPIELZUG 22

Alle Stimmen respektieren: Stellen Sie die Regel auf, dass niemand unterbrochen wird

Warum sich dieser Spielzug lohnt

Manchmal unterbricht uns jemand, weil er das Gesagte enthusiastisch ergänzen und verstärken möchte. Das führt bei uns nicht unbedingt zu einer negativen Reaktion. In vielen Fällen geben uns Unterbrechungen jedoch das Gefühl, dass unsere Stimme nicht zählt, dass wir keinen Respekt genießen und dass wir nicht wichtig genug sind, um gehört zu werden. Solche Unterbrechungen können als beschämend oder sogar demütigend empfunden werden, vor allem, wenn sie wiederholt auftreten. Wir zweifeln, ob wir überhaupt etwas Wertvolles beizutragen haben, und stellen infrage, dass es sicher ist, sich zu äußern.

Führende spielen eine entscheidende Rolle dabei, die Regeln für die Kommunikation innerhalb ihrer Teams festzulegen und vorzuleben. Indem wir in Besprechungen die Regel aufstellen, dass niemand unterbrochen wird, schaffen wir die Voraussetzungen für ein sicheres Umfeld, in dem alle Stimmen gehört werden.

Untersuchungen in verschiedenen Berufsgruppen – von Wirtschaftswissenschaftlern bis zu Richtern des Obersten Gerichtshofs der USA, von Universitätsstudenten bis zu technischen Teams – haben gezeigt, dass Frauen häufiger unterbrochen werden als Männer (sowohl von Männern als auch von Frauen). Als Führungskraft müssen Sie sich bewusst sein, dass dieses Muster in Ihrem Team auftreten könnte – und Sie die Person sind, die es verändern kann.

Wie Sie diesen Spielzug umsetzen

- **Erläutern Sie zu Beginn einer Besprechung** die Regel, dass niemand unterbrochen werden darf. Lassen Sie Ihre Teammitglieder wissen, dass Sie eingreifen werden, wenn es zu Unterbrechungen kommt. Ermuntern Sie gleichzeitig die Teilnehmenden, sich kurz zu fassen, damit sie anderen Zeit zum Sprechen lassen.

- **Wenn Sie eine Unterbrechung bemerken**, können Sie sagen: »Juliane hat noch nicht ausgeredet; ich würde gern hören, was sie zu sagen hat, bevor wir weitermachen.« Wenn Sie selbst unterbrochen werden, können Sie sagen: »Bitte lassen Sie mich ausreden.«

- **Wenn Sie feststellen, dass eine oder mehrere Personen öfter unterbrechen**, sprechen Sie mit ihnen unter vier Augen darüber, wie sich ihr Verhalten negativ auf eine sichere und inklusive Teamkultur auswirkt, an deren Entwicklung Sie arbeiten.

- **Seien Sie ein Vorbild für das Verhalten, das Sie bei anderen sehen möchten.** Hören Sie zu, ohne zu unterbrechen. Wenn jemand ein Gespräch dominiert, bedanken Sie sich und sagen Sie, dass Sie auch von den anderen in der Gruppe hören möchten.

Alle Stimmen respektieren – kurz und bündig

Wenn Sie die Regel, dass niemand unterbrochen wird, einführen und vorleben, schaffen Sie die Grundlage für eine sichere, inklusive Kultur, in der alle Stimmen gehört und respektiert werden.

SPIELZUG 23
Sich abwechseln: Keiner spricht ein zweites Mal, bevor nicht jeder ein erstes Mal gesprochen hat

Warum sich dieser Spielzug lohnt

Wenn Sie die Dynamik von Besprechungen genauer beobachten, werden Sie feststellen, dass oft wenige Personen das Gespräch dominieren. In einem Meeting mit zehn Personen sind es häufig zwei oder drei, die den größten Teil des Gesprächs führen, während die anderen schweigen. Typischerweise sprechen diejenigen, die in einer hierarchischen Machtposition sind, mehr als diejenigen, die in der Organisation weiter unten stehen. Extrovertierte Menschen neigen dazu, mehr zu sprechen als introvertierte. Und Angehörige der dominanten oder Mehrheitsgruppe sprechen mehr als Angehörige unterrepräsentierter Gruppen.

Was passiert, wenn ein paar Stimmen eine Gruppe dominieren? Erstens entsteht ein sich selbst verstärkender Teufelskreis (je mehr diese wenigen am meisten sprechen, desto unwahrscheinlicher wird es, dass die anderen zu Wort kommen); zweitens besteht die Gefahr, dass sich Gruppendenken (»groupthink«) durchsetzt. Dann stellt niemand Ideen infrage, weil man sich dazu nicht sicher genug fühlt. Die Gruppe verpasst es, vermeidbare Risiken, wertvolle Gelegenheiten oder innovative Lösungswege für ein Problem zu erkennen.

Führungskräfte müssen ein sicheres Umfeld schaffen, in dem alle Stimmen gehört werden. Eine einfache Praxis, die sofort umgesetzt werden kann, besteht darin, dass jede und jeder in der Gruppe einmal spricht, bevor jemand ein zweites Mal das Wort ergreift.

»Es gibt keinen Zusammenhang zwischen gut reden zu können und die besten Ideen zu haben.«

SUSAN CAIN

Wie Sie diesen Spielzug umsetzen

- **Beginnen Sie die Besprechung** mit dem Hinweis, dass Sie die Sichtweise jeder und jedes Einzelnen schätzen und dass Sie abweichende Standpunkte begrüßen.

- **Führen Sie die Regel »Keiner spricht ein zweites Mal, bis nicht jeder ein erstes Mal gesprochen hat« ein,** wenn Sie die Ideen oder Reaktionen aller Teilnehmenden zu einem bestimmten Thema oder einer Fragestellung hören wollen.

- **Erläutern Sie, wie Sie das Wort von einem Redner zum nächsten weiterreichen werden** und geben Sie an, wie viel Redezeit jeder hat. Vielleicht möchten Sie nochmals auf die Regel »Keine Unterbrechung« hinweisen (Spielzug 22).

- **Halten Sie die Teilnehmenden höflich davon ab, länger als die zugewiesene Zeit zu sprechen.** Die Verwendung eines sichtbaren Zeitmessers kann hilfreich sein, damit die Teammitglieder wissen, wie viel Zeit sie haben.

- **Wenn jemand nicht bereit ist, zu sprechen, wenn er aufgerufen wird,** kann er seinen Beitrag verschieben und später sprechen.

- **Versuchen Sie es mit einem Online-Programm zur Zusammenarbeit** wie Miro oder MURAL, durch das alle ihre Ideen auf virtuellen Klebezetteln mitteilen können. Geben Sie dann allen Beteiligten die Gelegenheit, den Inhalt ihrer Zettel in einer definierten Zeit zu erklären.

Sich abwechseln – kurz und bündig

Um sicherzustellen, dass die Stimme jedes Einzelnen gleich gewichtet wird, können Sie eine einfache Regel einführen: Jede Person spricht gleich lang, ohne Unterbrechung.

SPIELZUG 24
Die psychologische Sicherheit überprüfen: Feedback nach Meetings einholen

Warum sich dieser Spielzug lohnt

Wie können wir die Unternehmenskultur mehr in Richtung psychologische Sicherheit bewegen? Absichten sind großartig, aber sie halten nicht lange an. Wir müssen gute Absichten in konsequentes Handeln umsetzen, indem wir Prozesse und Gewohnheiten entwickeln, die wir nachhalten können. Eine Möglichkeit besteht darin, nach einem Meeting zu überprüfen, wie sicher sich jede Person gefühlt hat.

Diese Praxis ähnelt der Initiative von Satya Nadella, der die Unternehmenskultur von Microsoft nach dem Growth-Mindset umgestaltet hat. Er führte regelmäßige Umfragen ein, um von den Mitarbeitenden Rückmeldungen über die Fortschritte des Unternehmens bei der Veränderung seiner Kultur zu erhalten. Mit Nadellas Hilfe ging Microsoft von Absichtserklärungen und bloßem Darüber-Reden zu Verantwortlichkeit und konkretem Handeln über.

Besprechungen verkörpern die Kultur einer Organisation und sind der Gradmesser für psychologische Sicherheit. Wenn Sie es sich zur Gewohnheit machen, nach jeder virtuellen oder persönlichen Besprechung um Feedback zu bitten, schaffen Sie die nötige Transparenz, um Probleme anzusprechen und die psychologische Sicherheit gezielt zu fördern.

Wie Sie diesen Spielzug umsetzen

- **Die Idee einführen und vermitteln.** Vielleicht möchten Sie die Erfolgsgeschichte von Microsofts Kulturwandels und die Rolle von regelmäßigen Mitarbeiterbefragungen dabei teilen. Planen Sie die Umsetzung und die entsprechenden Prozesse und achten Sie besonders darauf, wie Sie das erhaltene Feedback auswerten und damit umgehen wollen.

- **Vertraulichkeit gewährleisten.** Dies ist von entscheidender Bedeutung. Sie wollen ehrliche Rückmeldungen und kein Feedback, das durch soziale Anpassung verzerrt ist.

- **Einen ko-kreativen Ansatz verwenden**, um die Formulare und Prozesse für das Feedback zu gestalten. Ko-Kreation stellt sicher, dass sich alle Teammitglieder beteiligen und verantwortlich fühlen und eine Feedback-Methode entwickelt wird, die auf den Kontext des Teams zugeschnitten ist.

- **Die Gewohnheit entwickeln**, nach jedem Meeting die Teammitglieder zu befragen. Sorgen Sie dafür, dass alle ihr Feedback geben.

Die psychologische Sicherheit überprüfen – kurz und bündig

Wenn Sie es sich zur Gewohnheit machen, die psychologische Sicherheit Ihrer Teammitglieder nach jedem Meeting zu erfragen, fördern Sie ein Umfeld der Sicherheit und Effizienz.

SPIELZUG 25
Das Team wertschätzen: Dankbarkeit ausdrücken

Warum sich dieser Spielzug lohnt

Um ein Gefühl der Integration und Zugehörigkeit in einem Team zu schaffen, muss jede Person das Gefühl haben, dass sie für ihre Einzigartigkeit und die besonderen Talente und Perspektiven, die sie in die Gruppe einbringt, geschätzt wird. Eine der besten Methoden zur Förderung einer integrativen, sicheren Kultur besteht darin, eine Praxis der Wertschätzung zu entwickeln. Es gibt unzählige Möglichkeiten, wie Führungskräfte ihren Teammitgliedern Dankbarkeit und Wertschätzung ausdrücken können. Wichtig ist, dass wir sowohl für Erfolge wie auch für Misserfolge, für erfolgreiche Arbeit wie auch für herausfordernde Lernerfahrungen Wertschätzung zeigen. Wir können Risikobereitschaft, Ehrlichkeit und das Infragestellen des Status quo gleichermaßen anerkennen.

Wenn wir uns nicht bewusst sind, wie und wem wir unsere Wertschätzung ausdrücken, können wir ungewollt die sichtbaren, lautstarken oder erfolgreichen Teammitglieder bevorzugen. Es ist aber wichtig, dass Führende auch weniger sichtbare oder lautstarke Teammitglieder anerkennen. Auch Mitarbeitende, die große Anstrengungen bei einem gescheiterten Experiment, einem abgebrochenen Projekt oder gar einem verfehlten Ziel unternommen haben, brauchen Wertschätzung. Als Führungskräfte können wir die Lernerfahrungen, die wir als Team gemeinsam machen, feiern – dabei lernen wir sowohl aus dem, was gut gelaufen ist, als auch aus dem, was nicht so gut gelaufen ist.

Wie Sie diesen Spielzug umsetzen

- **Wenn jemand eine schwierige Frage aufwirft** oder eine Idee auf respektvolle Weise infrage stellt, können Sie sagen: »Vielen Dank, dass Sie das zur Sprache bringen« oder »Danke, dass Sie eine andere Perspektive einbringen«. Achten Sie darauf, dass Sie dabei ehrlich sind. Die Mitarbeitenden werden merken, wenn Sie es nicht ernst meinen. (Siehe Spielzug 14 »Die Herausforderung wertschätzen: Danken Sie anderen für ihren Mut«.)

- **Veranstalten Sie eine Feier**, um persönlich oder virtuell einer Gruppe zu danken, die sich mit einem schwierigen Problem beschäftigt hat – unabhängig vom Ergebnis.

- **Bedanken Sie sich ausdrücklich**, wenn andere mutig genug sind zu teilen, was sie falsch gemacht oder gelernt haben.

Das Team wertschätzen – kurz und bündig

Um als Führungskraft ein sicheres und inklusives Arbeitsumfeld zu schaffen, sollten Sie allen Mitarbeitenden Ihre Wertschätzung ausdrücken, auch denen, die Sie herausfordern, die Risiken eingehen und die Fehler machen und daraus lernen.

INKLUSIVE RITUALE GESTALTEN:
Spiel 5 – Rückblick und Ressourcen

Die Spielzüge – kurz und bündig

Spielzug 21 – Meetings effektiver gestalten: Meetings sind nicht von allein integrativ. Wenn Sie einen »Inklusions-Booster« ernennen, sorgen Sie dafür, dass alle Stimmen gehört werden können.

Spielzug 22 – Alle Stimmen respektieren: Wenn Sie die Regel, dass niemand unterbrochen wird, einführen und vorleben, schaffen Sie die Grundlage für eine sichere Kultur, in der alle Stimmen gehört und respektiert werden.

Spielzug 23 – Sich abwechseln: Um sicherzustellen, dass die Stimme jedes Einzelnen gleich gewichtet wird, können Sie eine einfache Regel einführen: Jede Person spricht gleich lang und ohne Unterbrechung.

Spielzug 24 – Die psychologische Sicherheit überprüfen: Wenn Sie es sich zur Gewohnheit machen, die psychologische Sicherheit Ihrer Teammitglieder nach jeder Sitzung zu erfragen, fördern Sie ein Umfeld der Sicherheit und Effizienz.

Spielzug 25 – Das Team wertschätzen: Um als Führungskraft ein sicheres und inklusives Arbeitsumfeld zu schaffen, sollten Sie allen Mitarbeitenden Ihre Wertschätzung ausdrücken, auch denen, die Sie herausfordern, die Risiken eingehen und die Fehler machen und daraus lernen.

Empfohlene Lektüre

Rajkumari Neogy, »Exclusion and Trauma Are Impacting the Workforce. Here's How to Fix It and Heal«, *Fast Company*, Juli 13, 2020, fastcompany.com/90526659/exclusion-and-trauma-are-impacting-the-workforce-heres-how-to-fix-it-and-heal.

Dolly Chugh, »How to Have More Inclusive Meetings over Zoom«, TED Ideas, 20. Oktober 2020, ideas.ted.com/how-to-have-inclusive-meetings-over-zoom/.

Mark Smutny, *Thrive: The Facilitator's Guide to Radically Inclusive Meetings* (Sherman, CT: Emerald Lake Books, 2021).

Johnnie Moore, »What to Do When Loudmouths Are Ruining Your Meetings«, *Fast Company*, 23. August 2021, fastcompany.com/90666163/what-to-do-when-loudmouths-are-ruining-your-meetings.

Juliet Bourke und Andrea Titus, »Why Inclusive Leaders Are Good-for-Organizations, and How to Become One«, *Harvard Business Review*, März 29, 2019, hbr.org/2019/03/why-inclusive-leaders-are-good-for-organizations-and-how-to-become-one.

Satya Nadella, Greg Shaw und Jill Tracie Nichols, *Hit Refresh: Wie Microsoft sich neu erfunden hat und die Zukunft verändert* (Kulmbach: Plassen, 2020).

DEN WEG ZUR PSYCHOLOGISCHEN SICHERHEIT FORTSETZEN

Wir wissen, dass die Schaffung und Aufrechterhaltung eines psychologisch sicheren Arbeitsumfelds ein kontinuierlicher Prozess ist – mit Wendungen, Höhen und Tiefen. Es ist wie bei der Pflege einer zarten Blume im Garten: Wir müssen sie beobachten und ständig Anpassungen vornehmen – indem wir auf den Boden, die Wasserzufuhr und die optimale Sonneneinstrahlung achten –, während wir gleichzeitig verhindern, dass jemand darauf herumtrampelt!

Wir wissen auch, dass es keinen perfekten Endzustand gibt. Die Bedingungen in unserem Privatleben wirken sich darauf aus, wie wir am Arbeitsplatz miteinander umgehen. Teams entwickeln sich weiter. Menschen verlassen das Team, und neue Mitarbeitende kommen hinzu. Die wirtschaftlichen Bedingungen sind nie konstant. Bei jeder Veränderung müssen Sie möglicherweise überprüfen, was in der Vergangenheit funktioniert hat und was Sie angesichts der aktuellen Situation anders machen müssen.

Wir hoffen, dass Sie sich uns auf dem Weg zu mehr psychologischen Sicherheit anschließen werden, in dem Wissen, dass wir die Arbeitswelt für alle besser machen. Wir würden uns freuen, wenn Sie uns von Ihren Erfahrungen bei der Umsetzung der Spielzüge in diesem Buch berichten.

Sie erreichen uns unter **ThePsychologicalSafetyPlaybook.com**

INDEX

ÜBER DIE AUTORINNEN

Wir sind beide Führungskräfteberaterinnen – eine in Deutschland, eine in den USA –, die sich virtuell kennengelernt haben, als wir an dem Programm »Fearless Organization Scan« teilnahmen, das uns für die Messung und Bewertung der psychologischen Sicherheit in Organisationen zertifizierte.

Karolin Helbig ist Mindset-Coach für Führungskräfte, promovierte in Humanbiologie und ist Expertin für achtsamkeitsbasierte emotionale Intelligenz. **Minette Norman** hat sich auf integrative Team- und Unternehmenskultur spezialisiert und nutzt dafür ihre jahrzehntelange Erfahrung als Führungskraft bei Softwarefirmen im Silicon Valley.

Als wir begannen, Messungen der psychologischen Sicherheit in Organisationen durchzuführen, hatten wir Schwierigkeiten, praktische Werkzeuge für Führungskräfte zu finden. Deshalb kamen wir auf die Idee, den Praxis-Leitfaden, den wir vermissten, selbst zu entwickeln. Alles begann mit einigen virtuellen Klebezetteln auf einem Miro-Board und führte schließlich zu diesem Buch.

Wir wollen eine Bewegung starten und laden Sie ein, mitzumachen. Lassen Sie uns die Arbeitswelt für alle verbessern, indem wir überall psychologische Sicherheit fördern. Wir würden uns freuen, wenn Sie uns von Ihren Erfahrungen bei der Anwendung dieses Buches berichten. Was hat gut funktioniert? Wo brauchen Sie Hilfe? Vielleicht haben Sie neue Ansätze gefunden, die Sie hinzufügen möchten?

Schreiben Sie uns eine Nachricht:
info@thepsychologicalsafetyplaybook.com

Playbook
Psychologische
Sicherheit

SCHLIESSEN SIE SICH DER BEWEGUNG FÜR PSYCHOLOGISCHE SICHERHEIT AN!

Machen Sie psychologische Sicherheit bekannt

- **Geben Sie das Buch weiter:** an einen Kollegen, eine Freundin, an jeden, der daran interessiert sein könnte.
- **Kaufen Sie das Buch für Ihr Team** und tragen Sie dazu bei, die Bewegung zu stärken. Kontaktieren Sie uns, um mehr über Mengenrabatte und interessante Angebote zu erfahren.
- **Laden Sie uns ein,** bei Ihrer Veranstaltung eine inspirierende Keynote zu halten oder einen anregenden Impuls beizutragen.
- **Machen Sie einen Workshop mit uns,** um tiefer in das Thema psychologische Sicherheit einzutauchen und die Kraft zu erfahren, die daraus entsteht, wenn wir ihm Zeit und Aufmerksamkeit widmen.
- **Messen Sie psychologische Sicherheit** in Ihrem Team, indem Sie uns einladen, einen »Fearless Organization Scan« durchzuführen.

- **Beteiligen Sie sich an der Diskussion**, indem Sie Ihre Gedanken, Ergebnisse und Geschichten in den sozialen Medien unter dem Hashtag #ThePsychologicalSafetyPlaybook teilen.

Treten Sie mit uns in Kontakt

E-Mail: info@thepsychologicalsafetyplaybook.com
Website: ThePsychologicalSafetyPlaybook.com
LinkedIn: @karolinhelbig und @minettenorman

Unterstützen Sie unsere Bewegung

Wenn Ihnen dieses Buch gefallen hat, schreiben Sie bitte eine Rezension auf der Website Ihres bevorzugten Buchhändlers. Sie tragen damit zum Erfolg des Buches bei und helfen mit, psychologische Sicherheit zu einer Priorität in jedem Unternehmen zu machen. Vielen Dank!